迈克尔·弗里曼
MICHAEL FREEMAN
数码摄影完全指南

[英] 迈克尔 · 弗里曼（Michael Freeman） 著

／

高文博 译

人民邮电出版社
北京

内 容 提 要

与任何一门技术一样，要想快速提高自身的摄影水平，打好基础最为关键。在让人眼花缭乱的各种摄影入门教程中，摄影师迈克尔•弗里曼编写的这本书内容详尽扎实，结构严谨合理，并具有独特的互动性。本书集结迈克尔•弗里曼多年的拍摄经验，被设计成一门你可以参与的课程。书中通过对曝光、构图、光线和后期处理四大部分的介绍，让初学者快速了解摄影技术的核心内容，并通过丰富的案例，逐一破解拍出完美照片的诸多秘诀。这些技术并不局限于某一拍摄题材，人像、风光、纪实、静物等领域都能应用。只要你认真接受每一节的挑战，并将你学到的知识付诸实践，你的摄影水平一定能有质的飞跃。

本书作为摄影入门教程，适合摄影初学者和摄影爱好者阅读、学习。

迈克尔·弗里曼

数码摄影完全指南

[英]迈克尔·弗里曼（Michael Freeman） 著 高文博 译

能让你快速提高的摄影技巧

前言

与其他介绍摄影基础知识的书相比，这本书的与众不同之处就在于它的互动性，我将它设计成一门你可以亲自参与的课程，就好像你是在参加一个线下培训班或是在学习线上课程。本书的结构是这样的：共有四章，分别介绍曝光、构图、光线和后期处理，我认为它们是学习摄影的基本要素。这四个要素被划分为四个单元，每个部分学到最后都是个不小的挑战。为了让这本书物尽其用，我强烈建议你按照书中的顺序来读，最好不要随意翻阅或是无顺序地跳读。“曝光”这一章不仅能教会你如何通过设置相机参数来让它拍照，还会指导你怎样学习独立思考。接下来的一章是“光线和布光”，这是我们拍照时一定会用到的。构图是基础，所以第3章“构图”会鼓励你在学习布置画面各项元素的过程中，去思考“你在拍什么”和“为什么要拍”。最后一章是“后期处理”。后期处理通常是有目的性的，通过它，可以让你的灵感得以实现，让图像最大限度地接近你的设想。总之，我极力主张你们认真接受每一章节的挑战，并将你们学到的知识付诸实践。

迈克尔·弗里曼

目录

第 1 章　曝光

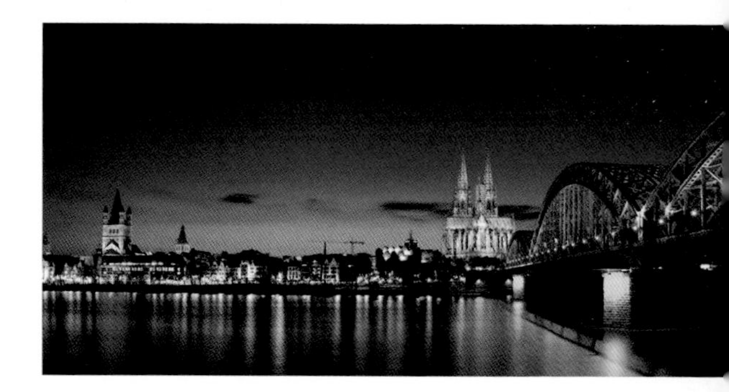

第 2 章　光线和布光

第 3 章　构图

第 4 章　后期处理

第 1 章 曝光

本章内容：曝光

现如今，曝光已经变得很轻松，这是一个不争的事实。作为一项了不起的技术，相机上的自动曝光功能可以在不用依靠他人的情况下拍摄出完美的照片。在这里，我要说的是——自动设置的出现让摄影变得更具有吸引力和亲和力。在很大程度上，是自动设置推动了摄影的普及（我们因自动设置享受到了许多便利，因为有了自动对焦，进而才有了手机摄像头、先进的图像处理工具，才可以轻松便捷地将数字照片进行在线分享和展示）。

但是，自动设置有一个明显的缺点。它会死板地认为被拍摄物体处于中庸的环境，既不特别好也不特别差，没有需要特殊解决的问题。因为在拍摄过程中，是由快门速度、光圈、ISO（或胶片的感光度）进行控制，决定最终进入相机的光线量。虽然，有些人对于曝光可以滔滔不绝地讲很多，但其实，最终决定曝光的只有三个简单因素。不过，如果真的只是以这么客观、冷静的方式看待曝光，那会剥夺你作为一名创造性艺术家最重要，最值得享受的过程。对于曝光，还存在另一面，也就是没有限制、高度主观的一面。当看到同样的景色时，不同的人会有完全不同的想法。你如何捕捉景物，取决于你对光影间微妙联系的理解，比如：你认为什么是重要的，什么是次要的；你想要传达给观众什么样的情绪等等。随着时间的推移，这些曝光习惯会形成你自己的艺术风格。有些人喜欢明亮轻快的，有些人喜欢昏暗压抑的；有些人需要所有景物清晰锐利，有些人不介意柔和的边缘和一点儿虚化。摄影可以包容所有这些风格，而曝光是你实现这些风格的手段。

这一章的目的是：让你了解曝光工具。这样，在你拍摄的时候，不仅能知道最佳的曝光是什么样，还能找出可以拍出这种曝光的最佳设置参数，以及还有什么其他选择和解释。在本书中，我们还会向你展示：拍摄比后期更重要。带着目的拍摄，会让你在后期处理时有更多余地。更重要的是，带着目的拍摄能让你在进行每一步曝光时作出正确的选择，这样你就可以在拍摄时更胸有成竹、更高效。

影调的记录

从最基本的层面来看，曝光只关乎一件事，那就是：如果想要尽可能准确地表现出你看到景物那一刻的感受，你就需要让相机的数字传感器接收合适的光量。接收的光量太多就会导致过曝，画面太亮，高光处缺乏细节。接收的光量太少就会导致欠曝，阴影缺乏细节，变成一团黑，高光和中间色调也会混乱。在大多情况下，理想的曝光值介于这两个极端情况之间。

从技术上讲，你的目标（以及相机的功能）是将某个场景以与你所看到的内容相似的方式记录下来。例如，在拍摄冬日风景时，你希望将雪拍得白一点，深色的树干几乎是黑色，画面中剩余的大部分景物介于这两者中间。用一只测光表和一些曝光控制手段可以降低曝光过程中的风险，将曝光控制在可预测的范围内。借由工程学上的进步和发展，这个过程现在已经变得很轻松，所以你有更多时间把注意力放在创造上。

当你开始接触摄影，知道如何将这些控制曝光的设置周密地组合起来，是一项必备基本功。学会这些你才能拍出技术不错的曝光。和任何新技术一样，学习这些基本原理是促进创造力成长的核心。不掌握演奏旋律的基本技能，再伟大的爵士音乐家也无法弹奏出富有灵性的即兴音乐，无法表现音乐的起承转合。摄影也是一样的：你必须了解一个相机如何捕捉、记录光线，才能通过调整相机的设置，改变相机对光线的反馈。

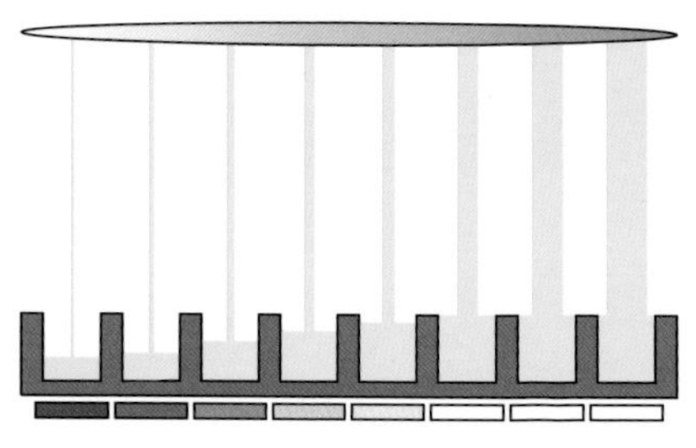

↑ 填充感光体

一旦相机快门打开，光线就开始填充传感器表面的感光体（像素）。光线越多，像井一样的感光体就被填充得越满，色调就越明亮。当感光体完全被填满后，画面就是一片白色

→ 简单的设置，复杂的答案

了解基础的相机设置如何控制到达传感器的光线总量和持久度是所有曝光技巧的根本。掌握这一知识点，你就能掌控所有的拍摄

© Stephen VanHorn

人和数字动态范围

很不幸（不过，也可能算是幸事，这就取决于你的想法），相机看世界的方式和我们看世界的方式完全不同。比如，人类的眼睛拥有强大而且快速的调节能力，可以分辨非常大的对比区间。即使在伸手不见五指的深夜，眼睛也可以看清最暗的阴影里一块石头上的细节。同时也能看清阳光照耀下的白色花瓣。你的眼睛和大脑互相配合，持续不断地校准你所在环境的亮度范围或者叫“动态范围”。盯着阴影看时，你的瞳孔会扩大，以便让更多的光线进入。看向耀眼的亮处时，你的瞳孔会立刻缩小，防止大量光线涌入眼睛。只要给眼睛足够的时间，让它来适应变化的环境，就可以看到相当于相机24倍的动态范围。

另一方面，相机传感器捕获的动态范围是有限的。现在的传感器一般能捕获光线的范围是10～14挡，具体大小取决于相机型号。如果你试图越过动态范围的界限，想将更亮或更暗的亮度范围包含进来，就会付出一些代价，比如：失去动态范围的一端或另一端。不过，也不是没有解决办法，例如高动态范围成像可以扩展这个范围，我们将在本书后面讨论这些方法。想要拍出的照片有好的曝光，就要在相机的固定限制范围内使出浑身解数，同时还要最大程度地发掘并表达拍摄主体的情感。这是本章要讲述的重点。

控制曝光

曝光可以为拍摄提供一个创造空间。有趣的是：整个曝光只是由相机的三个设置决定——ISO、镜头光圈和快门速度。每次曝光，每个创意，每次对光线的操控，都得依靠这三个设置的良好配合。ISO值是个相对较新的概念，但是纵览整个摄影史，胶片感光剂的敏感性早就被当成影响曝光的因素之一。所以从始至今，这三个控制设置的作用并没有发生根本性改变。我们可以用千分之一秒计算曝光时间，也可以使用标准光圈和ISO，但基本概念不变。

© Fotolia—IMAGINE

↞←→ 艰难的决定
这三个曝光控制设置的组合向我们展示了拍摄一张照片时，匹配所有色调是一个多么微妙的过程。稍微暗一点（最左边那张欠曝的照片），窗户的细节还在，但是建筑内部的细节都消失在阴影里了。稍微亮一点（左图），内部细节还在，但是窗户就过曝了。合适的曝光（右图）很好地平衡了两个极端（第4章讲到的RAW后期处理也帮了一点忙）

最佳曝光

认为曝光是件非黑即白的事儿这种看法是不对的，要去掉或者至少减轻这种想法。当你想要了解如何捕捉一个场景中的明暗色调，同时又不损失基本的细节，你不需要遵循其他任何人对曝光正确与否的定义。

例如，在拍摄晚霞时，为了表现出它的炫丽色彩，选择欠曝没有任何错误。同样，如果你选择过曝，来创造一种高调风格，也没有问题。大多数艺术上的进步都是由那些跨越过传统障碍，开发出新领域的艺术家创造的，比如：巴勃罗·毕加索、凡·高、克劳德·莫奈。（当然，我们也知道，他们在改变这些约束前，已经对这些标准技巧了如指掌）。

如果这世界上的全部景物都永远是中性灰的色调，那么就不需要本书中的这一章，因为你的相机从不需要纠结如何曝光。很幸运，这个世界要丰富多彩一些。在不同的光线环境中，从不同的角度看，每个物体都展现出独特的色调、饱和度、亮度（它们自己也有本身固有的色彩。

↙ **为了表现戏剧性而使用欠曝效果**

某位摄影师用欠曝效果拍摄出别样风格的落日。随着你对不同曝光间细微差别的适应，技术方面的准确性将呈现出一种更加主观的感受

↓ **为了表现活力而使用过曝效果**

这张照片需要对相机的测光系统进行创造性的颠覆。通常，相机测光系统会防止画面出现大范围的纯白

© Elenathewise

在决定以何种方式拍摄眼前的景物时，谨慎周到的判断能力是你最有利的工具。当你的相机计算出自动曝光值，剩下的就是由你来决定在何时、以何种方式推翻相机的判断，改用你自己的视角来进行拍摄。一些富有创造性的视觉作品完全偏离相机给出的自动曝光值。事实上，你正在逐步意识到：你更喜欢那些或者有浓重阴影，或者有神秘感，或者非常明亮、几近纯白、几乎无法分辨出天空两片云朵交界线的场景。

另外一些情况，你得依靠相机的精密算法，但这时你需要确保它测算曝光值的区域与你所想的一致。在摄影之路上，不论是何种情景，你都可以坚信自己所做的关于曝光的决定，是恰当的、理想的、正确的。

↑ 无限的可能性

拍摄这个浪花的方法有无数种，比如：用高速快门来凝固每个水滴溅起的瞬间，或者用慢速快门来表现一种手绘效果；用冷调白平衡来凸显海水的蔚蓝，或者用暖调白平衡来为画面注入金色的色调

↓ 不要总是根据清单拍摄

如果拍摄的目标是准确无误地表现苹果的外形，那么这张照片肯定是失败的。但是，苹果是什么样并不重要，相反，光与影的相互作用才是最重要的

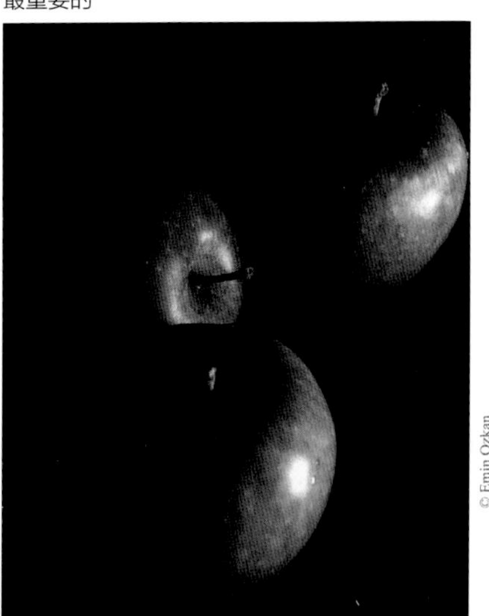

© Emin Ozkan

欠曝&过曝

欠曝

不管是有意为之还是无奈之选，欠曝的照片都要比你实际上看到的更暗，因为它们没有接收到足够多的光线。通常，可以通过欠曝这种特意的设计表现戏剧性或某种情绪。例如，在下图这张拍摄委内瑞拉安第斯地区风景的照片上，刻意的运用欠曝效果来凸显明亮的白色建筑和深色山脉之间的对比。在提高颜色饱和度和控制高光方面，轻微的欠曝可以被当成一个不错的工具。同时，当拍摄风景时，如果你想表现天空的强烈色彩，不想出现过多纯白色，欠曝也是个不错的选择。但是，过度欠曝会导致阴影处的细节缺失，看不清纹理，也就是会在场景的黑暗区域聚集较深的色调，而不能展现细微的差别。

一般来说，你即使是在通过欠曝营造夸张效果，也不想失去暗部的所有细节，一部分原因是欠曝时高光处的亮度也会下降。这不是错误的。例如，在拍摄一束郁金香时，为了捕捉郁金香上的微妙光线，让高光接近中色调，让阴影变成一片围绕它们的黑色区域。郁金香会变成一种更中性的色调，但这会营造出一种意想不到的神秘气氛。通常，只有这种极度欠曝的效果才能吸引人们的注意。

↙ 黑暗穿镜而过

要想夸大或营造某种气氛，有意而为的欠曝是个不错的工具。对相机测光器而言，曝光值可能已经很低了，但是对你的照片来说，可能正合适

↓ 饱和度的丰富

在拍摄家庭照时，正确曝光是个好选择。但是，艺术虽然来自于真实，但是又高于真实。一些欠曝的拍摄让这些郁金香从平凡变得美丽

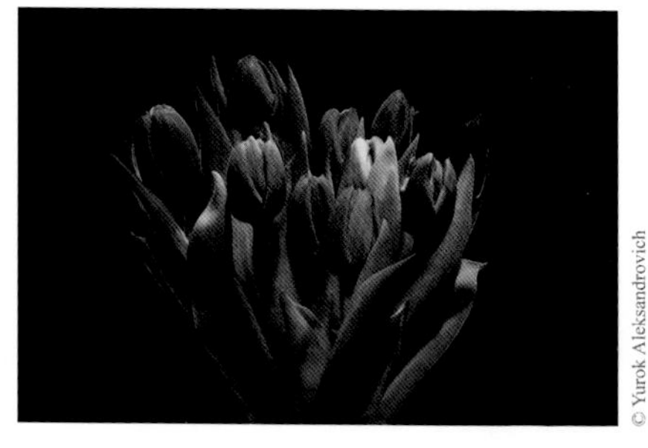

过曝

当场景中光线多于一个正常曝光所需要的光量时，就会产生过曝，这时拍摄出的色调会比肉眼所见的更亮。过曝的风险在于，最亮处的细节可能会消失，即使很轻微。在拍摄时，你可以找到一个恰当的曝光值，既可以表现出白天鹅羽毛的柔美，又不会完全丧失细节。相较于传统胶片而言，数字传感器更容易产生过曝，因此，在用数码相机拍摄时，你会常常听到“根据高光区域曝光”的建议。通过曝光，让高光区域保持良好的细节，以避免在色调更亮的区域产生完全没有任何细节的“空白”。

创意性地使用过曝可以产生有趣的视觉效果，而且通常可以营造明亮的、轻松愉快的氛围，特别是在拍摄亮色调或色彩柔和的主体时。例如，当你在拍摄一片阳光照耀下的黄色草丛时，轻微的过曝可以增加场景中的梦幻感、浪漫感。然而，过度曝光的坏处是你将会失去画面中亮色调区域的细节，导致你的照片被划入抽象派或者印象派的范围。如果你是有意为之，那就没问题，这是个不错的创意点。但是别人会以为你在拍摄这些场景时，曝光很草率。通常，数码拍摄的原则是根据高光区域曝光，根据阴影区域做后期处理。

↙ 明亮的窗户光

光线太多了么？是否太多取决于你想要表达的情绪。轻微的过曝可以给画面增加轻快的气氛

↓ 过曝的翅膀

“溢出”是一个被用来描述高光处接收到太多光线，导致细节丢失的术语。在一些情况下，这是不可避免的，但是应该时刻保持对它的警惕

© Sandor Jackal

© Joss

挑战：

过曝或欠曝的创意使用

“正确”的曝光展现的是大部分人看世界的方式，但是如你所知，故意地运用欠曝或过曝，不仅可以从根本上改变场景的样子，还能够改变画面的氛围。例如，通过向亮色调转变，你可以把早晨的牧场变成一曲轻扬的高调旋律；通过降低昏暗场景中的曝光，你可以把一个工厂区变成一曲哀伤的低调挽歌。你的挑战是：运用极端的曝光手段来表达情绪，表现高于真实的东西。

↓过曝是一种选择

这张图片的动态范围需要一个有创意的曝光，来凸显纯白雪地中的雪橇犬，让画面更有表现力

→ 拍摄暮光

当相机的测光系统高高兴兴地自动提高较低的曝光量，以保持一致、明亮的曝光时，其实我们更倾向于看到用欠曝方式拍摄的傍晚景色，因为那就是我们感受到的样子——比夜晚稍亮，但是比白天要暗

挑战清单

→ 忽略直方图暗示的边界，故意将色调推向边缘外。

→ 运用曝光的自动补偿功能来增加或减少曝光量，或者用手动模式拍摄，不遵从相机侧光系统给出的建议。

→ 确保你选择的夸张情绪

© Miklav

ISO速度

数码相机上的ISO设置让你能调节传感器对光线的敏感度。ISO数值越高代表传感器对光线越敏感；反之，ISO越低代表对光线越不敏感。在明亮的光线环境下，你可以使用较低的ISO，得到一张曝光良好，干净的照片；但如果你发现自己是在一个昏暗的光线环境中拍摄（比如有灯光的室内），你可以提高ISO来增加传感器对光线的敏感度。也许你会问，为什么不一直用高ISO呢？因为ISO的升高会伴随着噪点的增加，只有在低ISO时才能保持最好的图像质量。

大部分数码相机都同时有ISO自动模式和手动模式。在自动模式下，相机可以估算环境中光线的总量，为你设定ISO。在环境光变化很快的情况下，自动模式非常有用——例如，在建筑中里外切换场景——你一定不想每隔几分钟就重新设置一下ISO。在手动模式下，你不得不自己评估光线条件，然后依靠你的判断来设置ISO。所有的相机都有一个默认的ISO值（一般是ISO100或

→ 较高的感光度

通过提高ISO，相机对较暗环境的反应更灵敏，这样就不需要打开闪光灯。但是，天下没有免费的午餐，使用高感光度要付出的代价就是得到过多的数码噪点

© Frank Gallaugher

200），在光线充足的环境中，这个值可以拍摄出最好的画面质量。

拥有可变ISO设置的好处就是你可以在拍摄照片时不断调整它。在传统胶片相机时代，改变ISO意味着更换整卷胶片。现在，使用数码相机，你就可以在明亮光线下用低ISO拍摄一会儿，然后当你进入室内，你就可以将ISO调高。

你要牢记：每增加一倍的ISO值，相机传感器的敏感度也增加一倍。比如，当你将ISO从默认的200变成400，那么传感器的敏感度也翻倍。同样的，当你每减少一半的ISO值，相机传感器的敏感度也减少一半。对于曝光来说，翻倍（或减半）相机的敏感度可以带来巨大的、创造性的影响。

一般来说，多数消费性相机中ISO的范围可以从100到6400，专业相机的设置可以达到更高。目前，顶端专业相机的最高ISO已经突破200,000——几乎可以拍摄出没有月亮的夜晚丛林中一只正在快速奔跑的黑豹。

ISO和图像噪点

可以自由调节ISO并不意味着不需要付出代价，那就是——噪点。噪点是一种随机纹理图样，在使用过高的ISO时会产生。噪点的数量取决于以下几个因素：传感器的尺寸和设计，以及你是否尝试在后期处理时提取阴影细节。一般来说，较高的ISO或者较小的传感器，更有可能让你看见噪点。

从技术上来说，噪点是传感器上感光单位（像素）间电子干扰（串扰）的结果。同样大小的传感器上像素点越多，噪点越多。这就是为什么有较多像素的小尺寸传感器会产生更多噪点。较大尺寸的传感器可以让像素间距增大，让它们的信号隔离更远。高ISO下噪点增加，因为相机上的数字模拟转换器会将每个感光单元的信号放大，进而放大了干扰，导致噪点产生。

通常，你最好使用能够支持你所需要的光圈和快门组合的最低ISO值。生产商一直在降低噪点和提高ISO方面努力寻求更大进步，以期可以更好地在非常暗的光线环境下拍摄照片。

↓ 夜晚

重要的是，在评估图像噪点水平时保持理性。在100%放大率时，看上去模糊不清的一团糟在合理视距下却可能是完美的。此外，在后期处理时，降噪是一种强大的手段，通常可以弥补拍摄时的遗憾

↓ 提速的代价

增加传感器感光度的代价就是增加图像的噪点。如果没有它，你就无法拍摄出成功的作品，那么它就是一个值得付出的代价

© Daniel Seidel

挑战：

用高ISO拍摄

用普通相机的ISO3200和ISO6400，或者一些高端相机的ISO200,000，你常常可以轻松地拍摄最暗的物体。所以，对于这个挑战——在昏暗的室内或者夜晚拍摄，使用最高的ISO可以获得良好曝光的图像。最重要的是，可以把你认为无法拍摄到的景物捕捉下来：午夜的城市街道，没有灯光的教堂内部，或者地下酒吧里你最喜欢的乐队。

非纯黑

昏暗场地内的音乐演奏队是经典的高ISO场景。幸运的是，拍摄主体往往适合更粗糙、更多噪点的风格，因为它符合这种场景给人的感觉

© Konstantin Yavrov

→ ISO是一种保险

想要使用高速快门拍出一张清晰锐利的照片（考虑到图中移动的元素和较长的焦距），同时使用小光圈确保足够景深。再加上黄昏时光线量的下降，高ISO（1600）是拍摄这张照片的唯一选择

挑战清单

→ 每当你将ISO翻倍，就意味着到达相机传感器的光线量也翻倍了。将ISO翻倍与提高一挡光圈或者降低一挡快门速度有同样的作用。

→ 通常情况下，比起逐步增加ISO并不断观察结果，自动测量的可靠性较低。找到一个不会产生明显噪点，同时可以充分记录拍摄主体的合适ISO值。

→ 使用大光圈可以让你的相机传感器获得更多光线。如果噪点会分散观赏者的注意力，试着用更大的光圈在稍高的ISO下拍摄。

镜头光圈

不论你是使用一个简单的紧凑型相机或复杂的数码无反、单反相机，镜头光圈的目的都完全一样——控制允许通过镜头到达相机传感器的光线量。通常用f/来表示光圈的大小。通过电子或老式镜头上的机械环（即光圈环）控制光圈大小。简单来说，光圈越大，进入相机到达传感器的光线越多；光圈越小，越少的光线到达传感器。如果你将光圈完全关闭，就根本没有光线能到达传感器。另一方面，一个镜头可以打开多大是有界限的（叫做“最大光圈”）。不同的镜头，最大光圈是不一样的。对于很多变焦镜头，最大光圈是可变的。随着视野变小，焦距增大，光圈会变小。

为了能够让镜头光圈同时控制曝光和焦点，重点是理解光圈f值是如何计算的，并知道为什么。事实上，你对光圈f值计算系统的了解越多，这个概念就变得越简单。对于不同镜头品牌/型号，或者对于不同的相机曝光系统，在同一镜头上的全部和部分可用光圈（或者相机为光圈设置提供的电子选项）是不同的。但是所有镜头的光圈f值都有完全相同的递增序列，就如下面讲到的那样。

如果你将光圈f值看做它们彼此的倍数，这个概念就会非常容易理解。在整个序列里，每个增加一挡光圈f值就会增加一倍曝光量，每减小一挡光圈f值就会减少一倍曝光量。这就是为什么数字序列一开始看起来有点奇怪的原因，因为它是一个对数序列，越往数字大的方向走，数字之间的跳跃越大。所以，虽然1.4和2之间的差值看上去比11和16的

↓大数字=小光圈

如果说这页里有一个你应该必须掌握的概念，那就是：光圈数值越大，实际的光圈开口越小；反之亦然。如果你想让更多光线进入相机，那就调小数值，让光圈口变大

f/16 f/11 f/8 f/5.6 f/4 f/2.8 f/2 f/1.4

要小，但实际上对光圈而言，它们产生的效果是一样的——都是让可以通过镜头的光线量减小一倍。这听上去有点复杂，其实很好解决，你不要将光圈f值当作普通的数字序列来看就可以了。你只需要掌握标准光圈f值序列即可。

控制景深

另外，光圈的作用除了调节到达相机传感器的光线量，还用来控制合焦范围内的景物。当你对焦时，你是在移动一个理想清晰度的二维平面，使其靠近或远离传感器。不过，大多数拍摄主体是三维的，会在理想的对焦平面前后延伸，为了清晰地捕捉到整个拍摄主体，你可能需要将对焦平面扩展到一个三维区域，这个区域里的拍摄主体就处在清晰对焦范围之内。

这个区域的名字就叫作景深，它直接由光圈控制。光圈越大（光圈f值越小），景深越浅（小）；光圈越小（关圈f值越大），景深越深（大）。使用一个足够小的光圈，你可以让自己面前从前景一直延伸到地平线内的绝大多数景物都处于合焦范围。使用一个足够大的光圈，你可以将一个肖像主体和一个柔和的、模糊的、不聚焦的背景清晰地分离开，让观众把注意力只集中在重要的事物上。

© Villiers

↑ 选择对焦平面

在这张照片中，你可以看到位于场景中部的玫瑰花束是清晰的、合焦的，而花束前后的景物则逐渐失焦，变得模糊。这是因为这里使用了大光圈（f/2）来创造一个浅景深，镜头只对花束的位置清晰对焦，让场景中的其他外围元素处在合焦范围以外

数字背后的数学

让我们来更仔细地看看光圈的大小。光圈f值代表光圈孔径与镜头焦距的比率。例如，当你使用一只焦距为120mm的镜头，光圈为f/4，这时光圈孔径的直径就是30mm或者120mm的1/4。当你将光圈增大到f/2（再强调一次，是更小的f值），镜头光圈的孔径直径就变成了60mm（因为120mm的一半是60mm）。

↓知道什么时候慢下来

在拍摄静态风景时，时间通常很充裕，你可以采用多种不同的曝光来进行尝试

© Gudellaphoto

挡位＆光圈挡位

在我们开始继续讨论曝光这个话题前，我们要明确，光圈的挡位（f-stops）仅被用来表示光圈的孔径。而通常所说的挡位则是用来描述曝光的。曝光由ISO、光圈以及快门速度共同决定。所以，当你听到摄影师说“通过三个要素”减少了曝光量，就意味着他用了一个较小的光圈，或者较低的ISO，或是较快的快门速度。

↑ 考虑光圈的副作用

光线较弱，但是为了能够清晰拍摄到树木和远处的山脉，不得不使用较小的光圈。所以，需要提高ISO，或者使用较低的快门速度（幸运的是，三脚架让后者变得容易）

光圈改变&曝光改变

关于光圈的一个非常重要的数学理论是：你要知道，当你增加一挡或减小一挡光圈，就意味着你将能够到达传感器的光线量增加了或者减少了一倍。例如，当你将光圈值从f/8调到f/5.6（光圈开口更大），到达传感器的光线量就增加了一倍；当你将光圈值从f/8调到f/11，你就可以让到达传感器的光线量减少一半。

你是否还记得我们在讨论ISO速度时，曾提到的他们之间的关系，同样的关系也存在于改变光圈时。如果你将光圈增大一倍，那么到达传感器的光线量也加倍。如果你将光圈减小为一半，光线量也减半。所以，如果你将光圈从f/2.8调到f/2，达到传感器的光线量就增加一倍。同理，如果你将光圈从f/2.8调到f/4，光线量就减半。

曝光量的加倍或减半都由三个曝光因素控制，包括后面即将讲到的快门。这样安排是有目的的，为了让你能够更轻松、更熟练地运用这三个设置。

另外，三个设置之间也是相互作用的关系。一开始可能需要一些时间来适应，不过一旦你掌握了方法，就会觉得非常简单，并将不断地探索，不断地精进曝光能力。

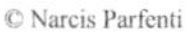
© Narcis Parfenti

« 优雅的关系

光圈和通过镜头的光线量紧密相关：将光圈孔径增加一级，光线量加倍；光圈孔径降低一级，光线量减半。为了保持一致的曝光，你必须用ISO或快门来补偿光圈改变带来的曝光变化

← 做出彻底的改变

可变光圈可以做的一件事就是对光量变化的快速反应。如果你使用的是自动曝光模式，这些改变会立即发生

挑战：

展示控制景深的方法

一旦你知道了控制景深的几个因素——光圈、焦距和拍摄距离——你就能够控制整个拍摄场景。广角镜头配合小光圈可以拍摄出从前景到背景都清晰的图像。长焦镜头配合大光圈可以将景深限制在很小的范围内。这个挑战需要你去展示如何控制景深，并将其与适当的拍摄主体相匹配，例如：在拍摄肖像照时选择合适的景深，或者在拍摄乡村风景照时选择最大的景深。

↓ 把它全部装进去

当你想要拍出最大景深时，将焦点放在场景深度大约1/3的位置，由于景深从焦平面沿着不同方向延伸时的变化是不同的（除了极端的特写镜头），所以让整个场景深度的1/3从焦平面向前延伸，剩下的2/3从焦平面向后延伸

© Valeriy Kirsanov

© Darren Baker

→ **模糊但可见**

通过仔细的构图，你可以把焦点外的拍摄主体变成你照片中有意义的部分

挑战清单

- → 光圈值越大，镜头口径越小，景深越大。如果你的快门速度太慢了，就将相机放在三脚架上。
- → 有时，在明亮环境中无法使用你希望的小景深，因为有可能你的快门速度达不到大光圈要求的那么快。但是，你可以加一个中灰密度镜来减少进入镜头的光量。
- → 当运用浅景深时，一定要仔细对焦，确保焦点落在你想要清晰显现的那部分上。
- → 要注意，DSLR（数码单反相机）的取景器会在镜头的最大光圈处显示场景，而无反相机的液晶显示器可能只显示拍摄光圈，这取决于它是如何设置的。

快门速度

曝光三角中的第三个要素是快门速度。光圈控制到达传感器的光线量，而快门速度控制传感器曝光的持续时间。快门打开的时间越长，越多的光线到达传感器。打开快门就像是打开连通着花园里水池的水管，龙头保持开着的时间越长，进入水池的水就越多。同样，曝光持续时间越短，到达传感器的光量越少（或者说进入水池的水越少）。

快门速度序列

相机上的快门速度设置，有的用几分之一秒表示（1/60秒，1/4秒，1/2秒等），有的用整秒表示（1″，4″，8″等）。一些相机上还会有用整分表示的快门速度。相机说明书上会列出相机能提供的全部快门速度范围。

由于这些快门速度表示快门持续开着的实际时长，所以相比于光圈，大多数人理解起快门速度的概念要容易得多。例如，如果你将快门速度设置为1/125秒，那就代表快门保持打开的时长是1/125秒。虽然我们大多数人不能完全理解这么短的曝光是什么样，但我们可以明白，它肯定比10秒的曝光时间短得多。与ISO数值动辄达到成百上千不同，也与光圈用对数f值表示不同，快门速度就是直接用我们日常用到的度量衡来测量。

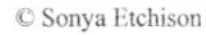

← 凝固时间
要想拍下像这样孩子欢笑的瞬间，就要使用高速快门（和敏锐的构图之眼）

→ 简单的选择
拍摄不会移动的主体时，很容易选择快门速度：你只需要保证快门速度不至于太低，出现相机抖动。如果不能避免长时间的快门，那就用三脚架稳定相机

© Beboy

快门速度的数值序列

所有的相机都使用标准的快门序列，一般是从最慢一端30秒或60秒到最快一端1/4000秒或1/8000秒。显然30秒的快门速度要比1/8000秒的长得多。事实上，快门速度差异中一个有趣的事情是：在大多数相机上你可以听到快门打开和关闭的声音，所以区别长曝光和短曝光相对比较容易。你可以试试看。

在电子技术进入相机设计领域之前，所有相机都使用整倍递增数值序列系统，通常包括下面显示的一组快门速度。

这些快门速度被称为“整挡快门”，当你从一个快门速度换到下一个快门速度时，你可以将光线进入相机的时间加倍或减半。例如，当你将快门速度从1/60秒调到1/30秒，传感器接收光线的时长就翻倍了。反之，当你将快门速度从1/250秒调到1/500秒，快门保持打开的时长就减半。在这儿你将看到一种翻倍曝光或减半曝光的模式。我们将在接下来的页面中讨论非常特殊的相互作用关系（这是所有曝光设置的基础）。

随着相机电子化程度的提高，机械化程度的降低，分数化的快门时长被引入相机设置系统，整套的快门速度数值序列因而获得完善。例如，一些相机在1/250秒和1/500秒中间增加了1/320秒的快门速度。这些新增的、介于中间的快门速度在调整快门反应时长方面很有效。你可能会发现更容易通过快门速度的数值序列来了解曝光上的数学原理。

可能你还会发现：有一些相机将快门速度设计成像“灯泡”一样，一直亮着。也就是说，这些设置让你能根据自己的意愿，无限长地保持快门开启状态（在老式相机中，快门是通过挤压橡胶球来操控的）。一旦你将快门调到“灯泡”（显示为“B”）位置，按下快门键，相机的快门就会打开，并一直保

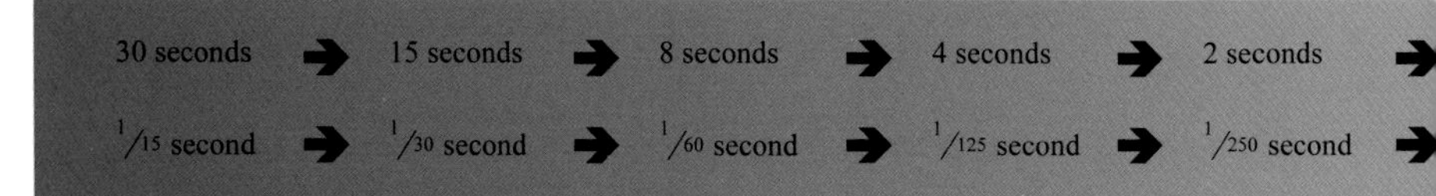

持开着的状态，直到你再次按下快门键才会关闭（有些相机则为松开快门键）。这一设置在长曝光中很有用，例如：可以用来拍摄夜晚的星光轨迹。

↓ 快门速度的数值序列

虽然，你不一定能在现代相机上看到这样的快门拨盘，但是它们在老式胶卷相机上的出现体现着它们对于每一次拍摄的重要性

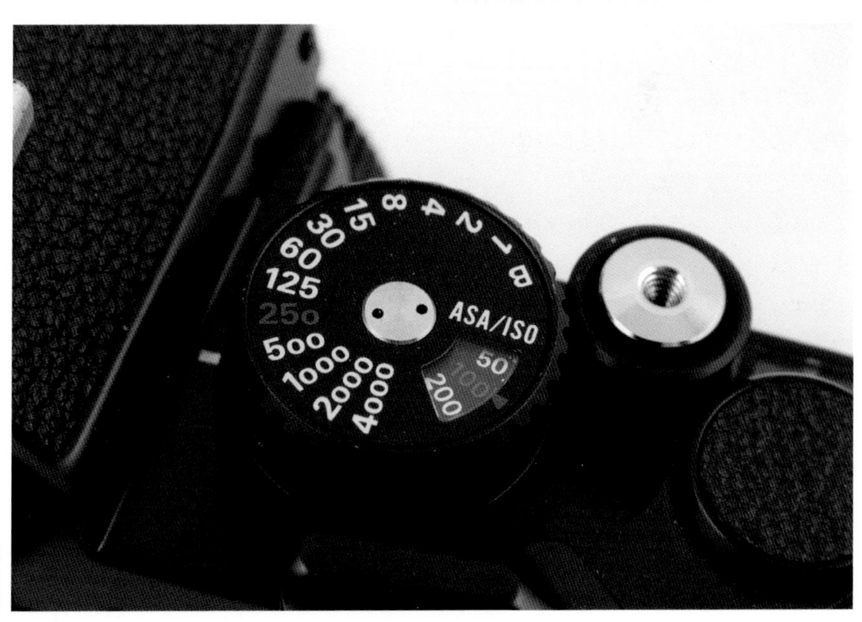

1 second ➔ 1/2 second ➔ 1/4 second ➔ 1/8 second

1/500 second ➔ 1/1000 second ➔ 1/2000 second ➔ 1/4000 second

挑战：

用高速快门凝固瞬间

快门速度的好处之一就是能够通过高速快门来捕捉运动物体。你需要记住：中等速度的快门最适合拍摄正在靠近或离开镜头的拍摄主体，而那些平行于传感器平面移动的物体就需要使用速度高一点的快门。

尝试不同的拍摄主体和快门速度组合，看看在不同的运动速度下需要的最低快门速度是多少。

↓ **捕捉瞬间**

快速移动的拍摄主体对于自动对焦系统来说是个挑战，但是在光线充足的环境下，你可以通过减小光圈来提高拍摄主体落在景深范围内的机会

→ **等待它们的出现**

能拍出最精彩动作照片的时刻通常是可以预见的，提前找到一个理想的位置，在等待精彩动作出现的时间里，试着拍几张照片测试一下曝光

挑战清单

→ 让拍摄主体不断重复同一个动作，尝试使用几种不同快门速度，找到能保持拍摄主体依旧清晰的最低快门。

→ 传感器上的图像越大，你需要的快门速度就越高，所以随着你将焦距变长，你需要的快门速度也会增加。

→ 从不同的角度拍摄同一个主体，观察拍摄主体的运动方向会如何影响抓拍效果。

→ 如果你想增加一挡快门速度，你也需要将ISO调高一挡，来达到同样的效果。如果想要将快门增加两挡，那就将ISO再调高一挡。

相互作用关系

如我们之前所说，光圈和快门的数值变大或者变小对于曝光的作用是一样的。如果你将快门或光圈朝相反方向改变同样的挡位，那么传感器就会接收同样的光照水平。这种相互作用关系是我们改变曝光设置的基础。

让我们来设想一下，你用相机对某个场景测光，它会告诉你最理想的曝光设置是1/125秒的快门速度搭配f/8的光圈。但是如果你想用更高的快门速度，比如1/500秒来拍摄快速移动的物体呢？1/500秒比1/125秒的快门快两挡。这时，如果你仍然用f/8的光圈拍摄，光线接收量就会减少两倍，图像就会欠曝。如果你将光圈增大两倍，把光圈值调到f/4（为了接收更多光线），你就能得到与一开始完全一样的曝光。（可回看第28页，f/8到f/5.6是一挡，f/5.6到f/4又是一挡。）

当然，这种相互作用关系在相反方向也一样。如果你测光时得到的推荐设置是快门1/125秒、光圈f/4，但是你想将光圈缩小三挡（f/11）来获得更大的景深，就可以增加三挡的快门速度，这样曝光量是不变的。也就是说，快门1/125秒、光圈f/4设置下的曝光量与快门1/15秒、光圈f/11是一样的。我再重复一遍，快门挡位递减的数值序列是：1/125秒、1/60秒、1/30秒、1/15秒……

这种完美的相互作用关系不仅是曝光的核心，也是整个摄影的核心。根据测光后获得的推荐设置值来拍摄只是基础，你还要通过快门、光圈，甚至ISO等各种可能的方式来创造不同的曝光效果，为你的作品增添创意。

注意后果

在你改变光圈或快门的时候，一定要保持警惕，时刻关注这样的改变会对照片产生什么样的影响。当你增加快门速度和光圈，不仅是让更多光线进入了镜头，同时也改变了景深。如果景深对于你的这张照片很重要，就要把这个影响考虑进去。如果你想用小光圈，那就不得不降低快门速度，这样才能获得相同的曝光，所以，你必须考虑用什么样的方式拍摄运动的主体。

→控制焦点

在这张照片里，摄影师选择了大光圈来限制景深，让主体在模糊的背景中脱颖而出

最后一个手段：更改ISO

如果你想要加快两挡快门速度，又不想加大光圈，怎么办？在这种情况下唯一的解决方案是提高ISO值。通过将ISO增加两挡（例如：从200到400再到800），你可以在保持光圈不变的同时得到同样的曝光效果。

→前因后果

当你尝试快门和光圈的各种组合时，要注意：这些不同组合会对拍摄中的某一方面产生影响。比如拍摄风景照时，水流或景深都会随着快门、光圈改变而产生不同效果

↓增加景深

通过运用小光圈，并相应地调整ISO（也就是增加ISO），摄影师几乎能够通过无限地加大景深来展现泰姬陵前的景色

© Martin M303

曝光模式

所有数码相机，即使是最简单的，都有足够的曝光模式（以及特殊曝光模式，比如场景模式）。听上去很多、很复杂，但是，当你一旦了解每个模式是如何控制曝光的，就可以在各种模式间自由转换，并且能针对不同情况，选出最合适的那一个。每种曝光模式都是为解决特定问题而设计的。不过，你最终会发现你的大部分照片只使用其中的一到两种。有一个好方法就是挨个尝试每种模式，了解它们的优缺点。下面简要介绍一下每种模式以及它们适用的场景：

© Akalong Suitsuit

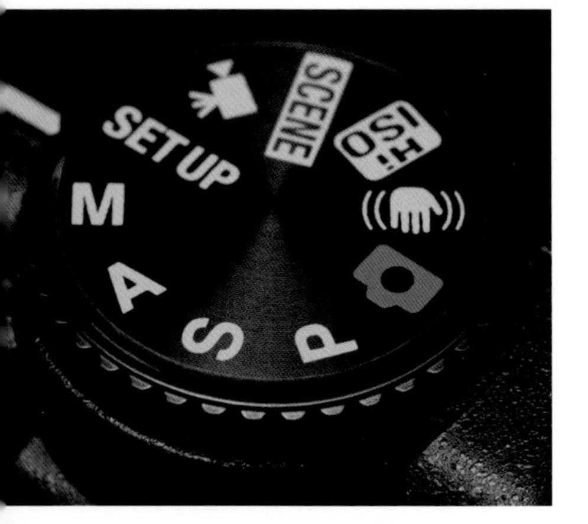

← **曝光模式拨盘**

绝大多数数码相机都有类似这样的拨盘可以用来改变相机的曝光模式，有一些简易相机的曝光模式则内置于菜单中。两种方式中模式的图标非常类似，都能让你快速调整相机的曝光模式

自动模式

这是一种适用于所有场景的全自动模式。它也经常被称为“绿色模式”，因为它在拨盘上通常显示为绿色。在自动模式下，相机一般会根据周围环境的光线条件来自动设置ISO、快门和光圈。如果你的相机自带内置闪光灯，它也会在光线水平很低的时候自动打开闪光灯。自动模式的最大优点就是你忽略技术层面，只关注取景框里的拍摄主体。但它也有明显的缺点，那就是在享受便捷性的同时，失去了对拍摄的创造性控制。你无法控制景深，也无法控制快门速度。通常，在这一模式下，白平衡是可以调整的。此外，你还可以自由控制的设置是曝光补偿。

程序自动模式

这一模式因相机型号而异，但通常在这种模式下相机会自动设置快门和光圈。与自动模式的区别是，你可以（或者是必须）自己手动设置ISO。程序自动模式的主要优点是，在多数相机上都有一个控制拨盘可以让你滚动浏览各种等效的光圈和快门组合。例如，当相机设置为光圈f/8、快门1/125秒时，你想要更大的景深，就可以拨动拨盘，将光圈值缩小，快门会随着光圈的变化自动改变。这一模式下也可以手动设置白平衡和曝光补偿。与自动模式稍稍不同的另一个方面是闪光灯不会自动打开，需要你手动打开。

快门优先

当你的主要目的是突出拍摄主体的运动时，可以选择这个模式。因为在快门优先模式下，你可以自由选择快门速度，相机会自动设置相应的光圈值。所以，摄影师在拍摄运动时最喜欢使用这一模式。如果想要抓拍到拍摄主体的快速运动，高速快门必不可少；如果想要让运动着的拍摄主体是模糊的，可以使用较慢的快门速度。要注意的一点是：在你选择快门速度时，必须关注景深的改变。如果你选择了一个高速快门，比如1/2000秒，相机可能就得搭配一个非常大的光圈设置，这意味着景深会非常浅。相反，如果你为了拍摄山间的溪流，选择了一个很慢的快门速度，相机就会相应地匹配一个很小的光圈，这样可能就会有过多的景物进入画面。所以，要使用景深预览按钮定期检查清晰度。

光圈优先

通常，当你最关注的是景深时，推荐选用这个模式。因为光圈优先模式时，你可以自由选择光圈，相机会自动匹配相应的快门速度。

如果你在拍摄人物的半身照时想要控制景深，可以选择一个非常大的光圈，这时相机会匹配一个合适的快门。如果你拍摄的是风景照，或者，想要从远到近的景物都清晰，就可以选择一个小光圈，这时相机同样也会匹配一个合适的快门。如果你同时还要抓拍运动的物体，就必须时刻关注相机自动选择的快门速度，保证它不至于太低。如果快门速度太慢，你就必须提高ISO。当使用小光圈时，使用三脚架来稳定相机可以避免长曝光过程中相机的晃动。

手动模式

手动曝光模式可以提供最多的控制选

择，但使用这一模式时，你几乎得不到任何来自于相机的帮助，你必须自己设置光圈和快门。为了更好地运用这一模式，你可以将相机内置的测光仪或手持测光仪的数据作为参考，当然你是否采用它给出的推荐数据完全由你决定。当你确定测光仪会被一个复杂或反差大的物体误导，你想通过自己的经验来解决时，手动模式最为合适。如果某个场景的光线条件超过了传感器的动态范围，测光仪就会根据这个场景中光线量的平均水平给出数值。但事实上，这种情况下，你必须用手动模式做出选择，是为了保留高光而放弃一部分阴影细节还是为了保留阴影而放弃一部分高光细节。还有，当使用手持测光仪

时，你也必须使用手动模式，否则测光仪会无视你的设置，然后根据它自己的读数设置光圈和快门，来进行曝光。在很多极端的曝光情况下，比如：用特别长时间的曝光来捕捉星空轨迹，进行曝光的唯一方法是使用手动模式。

↓条条大路通罗马

下图是德国科隆附近莱茵河的夜景。当面对类似这样的情形时，其实，所有的模式都可以拍出这样优秀的作品。任何一个曝光模式都可以表现出这种场景的美，只不过手动模式能有最好的控制

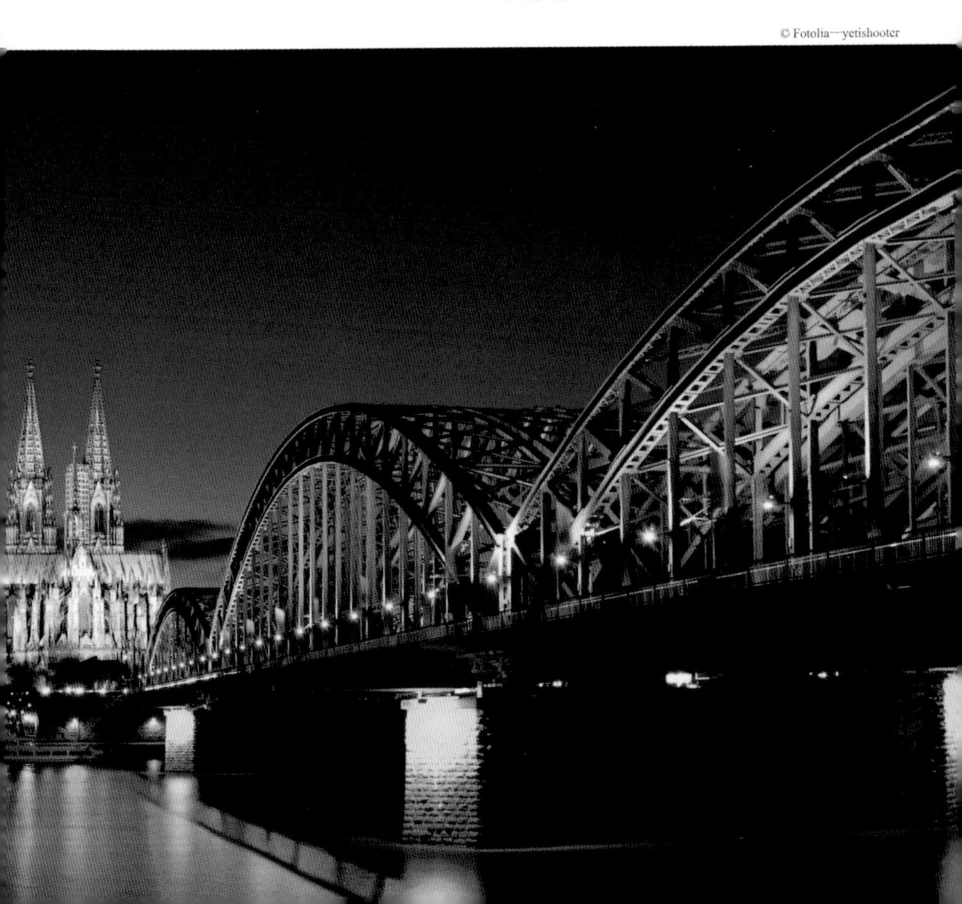

直方图和测光仪

如果想要最有效地利用相机上的测光仪，最重要的一点就是深入了解它是如何执行任务的，既要知道它的优点，也要知道它的不足。了解你的测光仪是如何测量光线的，以及它的局限性，这些都将帮助你更好地操控曝光。另外，要知道，和你的眼睛相比，相机传感器的动态范围（对比范围）非常有限，但它在解读测光仪提供的光线信息时起着极其重要的作用。

了解直方图（柱状图）

可能对于一个数码摄影师来说，最有价值的工具是亮度直方图。这张图把一个场景的色调值按照从最左边的纯黑色（数值为“0”）到最右边的纯白色（数值为“255”）的顺序，用水平柱状图表示出来。竖直轴的数值表示每个色调的像素数量。在拍摄色调范围较大的图像时，相机传感器就会受限于它的能力。相机可以拍出非常明亮（大部分是高光）的场景，也可以拍出非常暗淡（大部分是阴影）的场景，但是无法拍好高光和阴影反差极大的场景。

如果你的相机有实时观测功能，你可以在相机计算曝光值时，实时观察到直方图的变化。如果你的相机没有这个功能，你可以在回看照片时查看直方图。如果你看到色调值没有处于最佳分布状态，那就根据需要调整曝光，重新拍摄一张。

什么样的直方图算是最佳分布呢？最主要的一点是防止柱状图在两端聚集太多，因为这表明白色或黑色区域的细节会丢失。最理想的直方图是从左下角开始，然后上升，

在图表的中部到达顶端，最后逐渐变细，降到右下角。

↓→ 寻找中性背景

最上面的图片过曝了，天空和背景几乎失去了所有细节。可以从直方图上看出，大量的像素集中在右端。而中间的图片属于欠曝，大部分像素汇集在了左端。底部的图片才是曝光正常的——所有像素都没有过曝，黑色区域也只有零星几个无关紧要的像素。大多数数据都安全地处在图表的两个极端之间

当然，不可能所有的场景都会给你提供创造最佳直方图的机会。不论你的曝光水平有多高，直方图都会是帮助你处理高动态范围和大反差环境的必要工具。最重要的一点是了解直方图如何形成，它如何反映相机传感器测量光线的方法，以及它如何捕捉光线并将光线变成数据记录下来。

TTL 测光仪

所有相机内置测光仪都属于TTL类型。TTL是“穿过镜头”（Through-The-Lens）的首字母缩写，表示测量的是在穿过镜头到达传感器的光线量。这种系统创造了一种非常精确的测量光的方法。因为测量的是通过镜头的光线，所以可以使用任何镜头滤镜。测光仪测出的光线水平与传感器记录的完全相等。

相反，如果你在TTL技术出现之前往相机的镜头前加滤镜，就必须在计算曝光量时，考虑滤镜吸收的光量。这种被称为滤镜因数的补偿，几乎已经因TTL测光技术的出现而被淘汰了。虽然滤镜因数的计算并不难，但是直接测量穿过滤镜后的光线量还是更精准一些。

同样，由于是在内部测量光线，测光仪不需要根据不同的镜头（不管是长焦镜头还是微距镜头）做调整。即使是电子闪光灯发出的光线也可以被测量。

TTL系统最大的优势是，不论你使用什么样的镜头或滤镜，测光系统都不需要做任何补偿。对于你和相机来说，这个过程已经变得快速、优雅和简单。

← 闪光灯让拍摄变简单

要想捕捉水滴落下的场景需要使用高速闪光灯，因为它具有精确的光线计算能力

测光仪如何观测这个世界

在准备测光时，很重要的一点是：要清楚你和测光仪看世界的方式有着很大区别。直到近些年，测光仪都只以灰色调看世界，因为，以前测光仪的感光装置是单色的，它们的任务是平均所有接收到的灰色阴影值，然后选取一个18%的平均值，以此来保证可以安全地捕捉阴影和高光。（选用18%灰，而不是25%灰的原因是——18%灰的反光率是黑色和白色反光率的中间值，这其中的算法不是按照线性尺度来计算的，而是基于算法比例。）这个系统能够顺畅工作的原因是，不论你将测光仪对准哪儿，它记录的都是中性灰色调。如果你正好对准一个中性灰色调的拍摄主体进行测光，那么就能得到完美曝光，其他所有色调的像素数量都会自然地逐渐改变到它们的合适值。

↑ 测光仪是色盲的

学会用不同的灰度来表示色彩能够让你更好地理解曝光和使用相机

↓ 测量亮度

这个图表展示了亮度的测量和光圈之间的关系，中性灰在中间，随着增减光圈挡位，测量的亮度会随之变亮或变暗

与平均挡位的亮度差			–3	–2	–1		+1	+2	+3		
亮度 %	0	10	20	30	40	50	60	70	80	90	100
色阶 0～255	0	25	50	75	100	128	150	175	200	225	255

不过，最近在一些新型相机上出现了RGB测光装置，这意味着它们可以分辨色彩

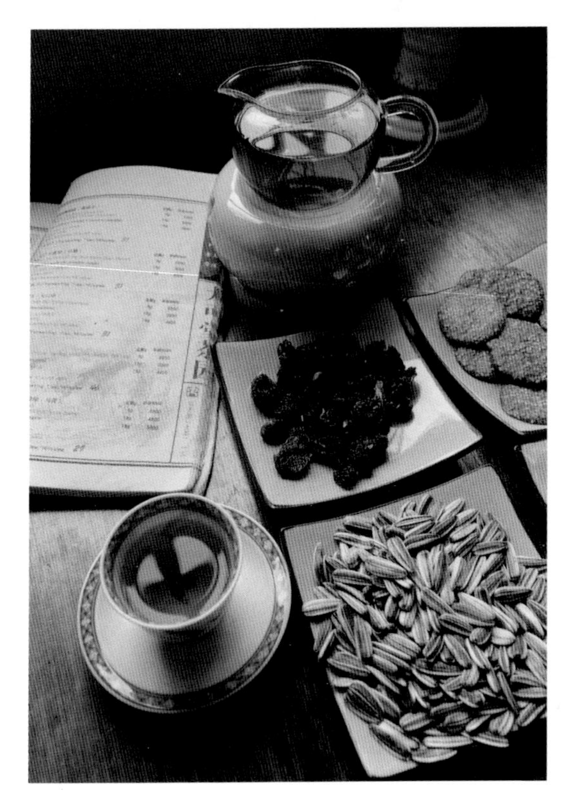

← 静物场景

阳光从窗口洒落进来，落到有着不同色彩、不同质感的静物上，阴影集中在画面的上方——面对这种复杂的场景，你既可以直接告诉相机将哪个色调定为中性灰，也可以让相机平均所有色调，来计算阴影和高光的平均曝光（正如拍摄这幅照片时那样）

之间的区别了。这在很多方面都有优势，比如感光装置一般对红光更敏感，所以在拍摄红色景物（包括肤色）多的场景时更容易过曝。另外，一些测光系统可以选择“评价测光”，也就是对整个场景的光线条件进行评价，但是评价以焦点对准的区域为主。在复杂或不断变化的光线环境下，这些都是获得正确曝光的强大功能，但是由于它们在设置上比较繁琐，所以不适合在拍摄任何场景时都使用。要想掌握这些功能的用法，请仔细阅读相机使用手册。

寻找中性灰

在场景中找到一个可靠的中性灰色调要比你想象的容易。对于多数户外场景来说，不论是自然的或者是人造的，都包含一些近乎完美的中性色调，包括：

晴朗的天

晴天时的蔚蓝天空很适合风景照的曝光。当拍摄场景中包含大面积的亮部或暗部会影响测光仪的准确度时，蓝天就显得特别有用。在光线条件反差大或逆光的场景中，对准蓝天测光也很有用。但是要保证天空是湛蓝、无云的，如果是阴霾或者有云的覆盖，就会导致测光仪读数有偏差。

绿色的枝叶

拍摄一个有大量绿草或浅绿色枝叶的场景时，你可以通过对准它们测光而获得非常准确的曝光，这在拍摄存在会误导测光仪的色调的场景时非常有效。例如，你要拍摄一块覆盖着绿色植被的黑色岩石，只需要对准树叶测光，就能获得正确的曝光。如果你发现想要拍摄的场景太亮了，那就使用曝光补偿功能来进行调节。

灰色或红色的建筑

老旧的、未上漆的建筑物，还有旧的木制农用拖车或一堆风化木材等，都是理想的测光目标。一所学校的老房子或红色砖墙建筑的侧面对于测光来说都是完美的。这里要注意的是：确保它们能正常反射光线，没有处在阴影中。

→ 捕捉光线
不论你对准什么测光，都要确保你的测光目标在反射主要的环境光线

↓ 大量绿色让拍摄变得轻松
拍摄自然景物的一个好处就是你常常能看到大量的绿色反射面，从中可以测量出准确、可靠的中性灰

SHROPSHIRE UNION
RAILWAYS AND CANAL COMPANY,
GENERAL CARRIERS
TO
CHESTER, LIVERPOOL,
MANCHESTER,
SOUTH, STAFFORDSHIRE,

© Steheap

灰卡

一个可靠的方式是使用中性灰色卡，你可以从相机零售商那里买到它们，它们可以准确地给相机提供中性灰的反射光。灰卡对照射在其上的光线的反射率为18%。

锁定选择性参数

为了随意使用那些自然产生的中性色调，你需要将它们与场景中的其他景物隔离开来，要么通过使用选择区域测光模式，调整焦距，将拍摄主体放大到充满整个取景框；要么简单地靠近拍摄主体。不论何时，当你选择性地进行测光，都要牢记：在你重新构图并拍下最终的照片前，锁定参数。如果你没有锁定参数，测光仪就会重新设置，覆盖掉原来你选择的那个。大多数相机锁定测光仪参数的方法是半按快门键不松手。只要你的手一直在快门键上，测光仪的参数就保持不变。这个方法只适用于拍摄主体与被测光体距相机有相同距离的情况，因为使用这个方法时，焦点也会被锁定。如果两者不在同一距离上，你可能就得直接手动设置曝光参数了。一些相机设计了另外一个键作为曝光锁定键。

→曝光，然后构图
在拍摄这样的场景时，相机镜头冲下，所以绿草占满了整个画面，保持半按快门，然后重新构图并拍摄

测光模式

所有数码相机都有TTL测光仪，有至少三种不同类型的测光模式可供使用。卡片相机一般只提供一种测光模式，高级相机会有三种以上。每种模式运作原理之间的差异，很大程度上取决于测光仪所以观察到的场景的亮度范围。从一种测光模式转换到另一种很简单——通常只需要按下按钮或者拨动转盘。可以试试每种模式，了解如何使用它们。

↑ 平均曝光

只对沙土进行测光，相机得出的结果可能会导致欠曝。但是如果将天空、海洋，特别是绿草纳入测光范围，就会帮助相机认清整个场景的情况，获得准确的曝光

矩阵式测光

也被称为多区域测光或评价测光（不同的相机品牌对此模式的叫法不同）。在这一模式下，相机对整个场景测光，然后根据从不同区域反射出来进入镜头的光线来测算光量。在大多数数码相机上，它被设定为默认模式。相机有精密、高端的测光仪，即使面对各种复杂场景，矩阵式测光也能胜任。

在这种模式下，测光仪将画面分割为一组网格，这些网格数量根据相机型号不同，从基础的6个到1000个左右不等，目前的高

端单反、无反相机可以达到1000多个。一旦你半按快门，激活测光仪，相机就开始对来自每个网格区域的光线进行分析，然后将光源和相机中存储的预设进行比对。在某些相机上，测光仪可以将场景和储存在相机中的30,000个曝光模式进行比对。在为这些测光仪编制数据库时，制造厂家提供了大量常见和复杂的场景示例，包括：风景、人像……通过对场景的对比分析，相机能够比较准确地猜出拍摄主体是什么，哪一部分最重要。例如：如果相机捕获的是一个高的、相对较暗的竖直区域，外面包围着明亮的区域，它就会推断你在拍摄一个站在沙滩或雪地上的人。然后，它会计算既能中和明亮区域，又能保证脸部准确曝光的参数。这是一项很棒的技术，而且非常有用（正确使用时）。在曝光时，除了亮度，矩阵测光模式还会将许多相关点位的信息纳入考虑范围，包括：某点距拍摄主体的距离（取决于焦点信息）；光线的方向和强度；对比度；每个网格区域的RGB值；拍摄主体的颜色……然后相机会进行一系列复杂的计算来确定曝光。所有这些都在短短一瞬间完成。

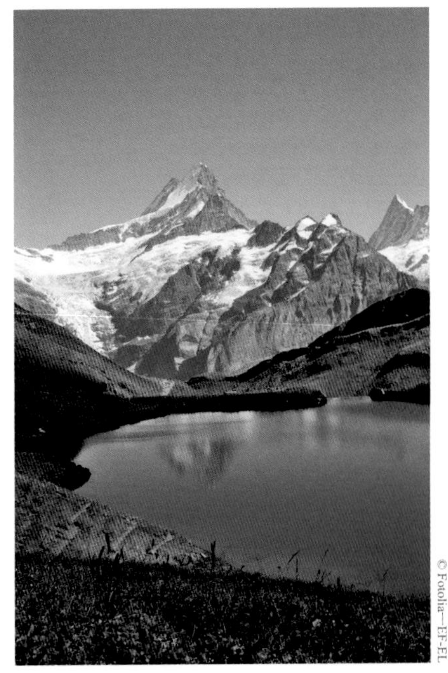

↑ 矩阵测光适用的情况

永远不要忘记，你的相机只是一个机器。什么时候选择矩阵测光模式取决于你，要清楚它适用于什么场景。例如：拍摄风景照时，天蓝、草绿、阳光明媚的环境最适合用矩阵测光。从根本上讲，如何使用矩阵测光模式的关键是掌握它工作的原理，你要了解它在应对哪种光线条件时会遇到困难，或者需要什么补偿

可选择的测光模式

中央重点测光

矩阵测光模式的缺点（其实不太严重）是测光仪通常会将整个画面纳入考虑范围。对于大多数场景，这样做很好，但是也有例外。有时最重要的（你想要精准曝光的）拍摄主体只占画面的一小部分，这时中央重点测光模式就可以派上用场。

虽然中央重点测光模式也会考虑整个画面内的光照信息，但它更侧重于画面中央一小部分的数据。一般，用取景器上的一个小圆圈来表示中央区域，测光仪60%～80%的读数集中来自这一区域。中央重点测光适用于拍摄主体相对较小，被非常明亮或黑暗的背景包围着的场景。如果你要为一个在白雪皑皑的田野里滑行着的越野滑雪者拍摄肖像照，你可以使用这个模式，直接对准滑雪者进行测光，从而减少周围环境对测光仪的影响。同样，如果你在拍摄一朵背光强烈、周围有明亮叶子的花朵，你可直接对准花朵测光，那样可以获得更精准的曝光。

点测光模式

点测光将中央重点测光的思想推向了极致，它读取的是画面上更小的区域——这个

↙ **皮肤 & 雪地**
虽然无法完全忽视主体周围的区域，但是中央重点测光模式认为画面中间的（对这幅照片而言就是拍摄主体的面部）才是最重要的

↓ **不要担心边缘**
为了更好地表现花瓣内部的褶皱，中央重点测光模式将画面四周的亮度推得非常高

© Fotolia—Gorilla

© Sylwia Schreck

区域的大小通常占整个画面的1%～5%。在大多数相机上，这一区域默认位于取景框的中心，但也有一些可以改变位置。

点测光和中央重点测光的一个明显区别是，在点测光模式下，相机不会将画面上其他区域纳入考虑范围。测光仪只读取那一个点的数据。点测光模式适用于拍摄主体只占画面很小一部分的情况。要注意，当你对准这么小一个区域测光时，要确保你选择到的是最佳的点。记住，读数会告诉你，如果将那个点作为中性色调，你应该如何设置曝光参数。

↓ 光源下的拍摄主体

点测光特别适合用来拍摄光源下的拍摄主体，营造梦幻、夸张的效果。它可以确保最亮的区域获得准确的曝光，让画面中的剩余部分落入阴影区域

© Garret Bautista

点测光的另一个优势是你可以通过点测光对比场景中的特定色调。这让你能通过测量场景中最亮和最暗的区域来判断这个场景真实的动态范围。

与中央重点测光一样，如果在测光后重新构图，使用相机的曝光锁定功能来保持参数不变是至关重要的。

↓ 用点测光拍剪影

拍摄剪影时，你不要对着拍摄主体测光。在这张照片中，测光点在彩色的背景上。对着明亮的背景测光，才能让两个人物完全处于欠曝状态

© MikiG

挑战：

控制你的点测光

点测光只读取取景框中很小区域的数值——通常视角范围只有几度。但是，将这几度与其他区域隔离开来是精确测量一个复杂场景准确曝光值的唯一方法。如果你了解测光仪的原理，知道它会把这个区域设定为中性灰，就会清楚地知道如何对场景中最重要的部分曝光。无论周围环境太亮还是太暗，或者是明暗交杂，通过对关键区域测光，你可以控制相机拍出最好的曝光效果。

↓ **圣米歇尔山**

很多高山和地标性建筑都是采用这种照明方式，运用点测光可以突出它们的特定结构，同时让画面的其余部分更加柔和

→ **快速修复背光**

在这幅肖像照中，强烈的背光很容易导致过曝。但是通过瞄准女孩手中处于阴影部分的叶子进行点测光，就能轻松获得正确曝光

挑战清单

- → 在高对比度的场景中，使用点测光模式，只对你的拍摄主体进行测光。你必须仔细操作镜头，因为即使轻微的晃动，也会导致曝光不准。
- → 将相机调到手动模式，那样你就可以在测光后，重新构图。此外，你可以使用曝光锁定功能，但是很多相机的曝光锁定和焦点锁定是同一个键，所以选择哪个方法取决于你想要如何控制相机。
- → 要读取某个场景的动态范围，需要获取最亮和最暗区域的读数。这两个区域之间的差值就是你的动态范围。

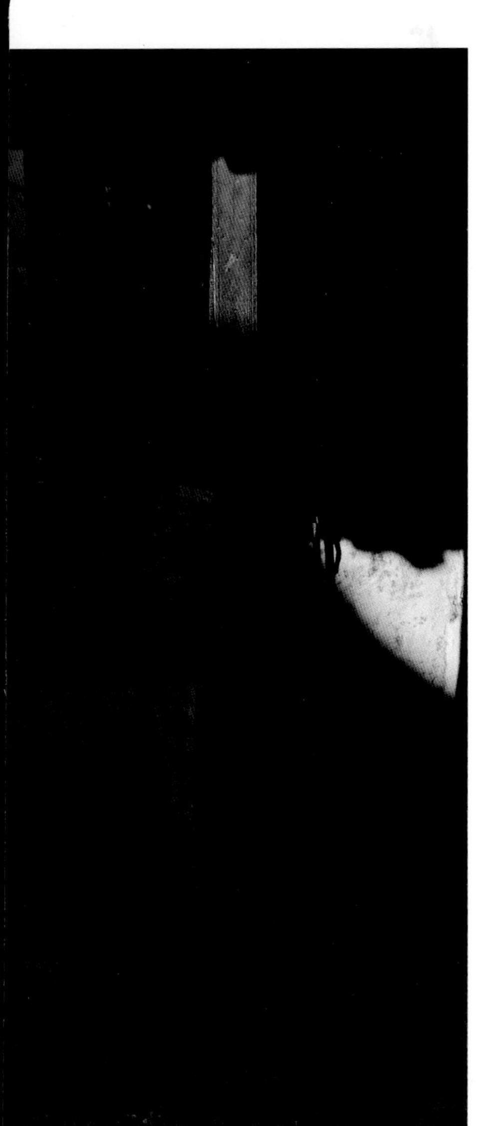

色温

所有光源都有独一无二的光线色彩，它们的色温以开尔文（一个以威廉·汤姆森命名的系统，他被称为开尔文勋爵[1824年～1907年]）为单位。色温数值从红色光到蓝色光、从暖光到冷光逐渐增长。例如：中午时候阳光的色温为5000K～5400K（取决于确切纬度和时间），比3200K左右的钨丝灯偏蓝。每种光源都有唯一的色温，不过多数情况下这些色温会有一些变化，比如：灯泡使用久了色温会变；太阳从升起到落下的过程中色温会变。

对于人的眼睛而言，周围所有的环境光线——自然的或者人工的——在短时间的适应之后，都会被当做是白色的。不论是沐浴在清晨的金色阳光下，还是徜徉在中午强烈的光线中，所有的光线在你眼中都是白色的。

← 平衡光源

在类似左图这样亮部和暗部交替分布的场景中，仅处理高反差环境的曝光是不够的，白平衡设置也非常重要（下页中会讲到）。更重要的是，要想保证被太阳照射着的拍摄主体的色调不出现偏差，右边阴影区域的色调就得被迫偏蓝色

这是因为大脑中负责接收颜色信息的区域可以不断地补偿和纠正色温的变化。当然，这个大脑的反应过程既自然又快速，我们几乎不会注意到。

当你从室外进入到一个人工照明的房间时，也会发生同样的事情：白炽灯的光线颜色比日光要暖得多，但是一旦你适应了这种光线，就几乎不会在意它的暖色。我们都曾漫步在暮色时分的淡蓝色光线中，也曾看到过从窗户透出的微红色灯光。如果你走进一个房间，你的眼睛会立刻进行调整，在短时间内适应房间的光线条件，几秒种后，不管房间中的光源是什么色调，在你眼中就完全变成中性色调了。你的大脑有种强大的功能，可以创造光源颜色的对比色来帮助你以相对恒定的光感在这个世界中行走。

色温的实用尺度

在摄影中，从家用钨丝灯到晴天的日光，都是常用的重要光源，都需要对它们测量色温。光源的色温很难精确计算，特别是对日光而言，因为天气和云层情况会不断变化。而且，人们对于什么到底是纯白色的阳光也有不同的看法。

K（开氏度）	自然光源	人造光源
10,000	晴天的天空	
7500	晴天时的阴影	
7000	多云时的阴影	
6500	日光，较暗的阴影	
6000	阴天	闪光灯
5200	中午的日光	闪光灯泡
5000		
4500	下午的日光	荧光日光灯
4000		荧光暖色光灯
3500	早晨/傍晚的日光	摄影专用泛光灯（3400K）
3000	落日	摄影专用钨丝灯（3200K）
2500		家用钨丝灯
1930	烛光	

← 明亮的白色

在这个全是白色家具的房间里，准确读取环境色温是非常重要的

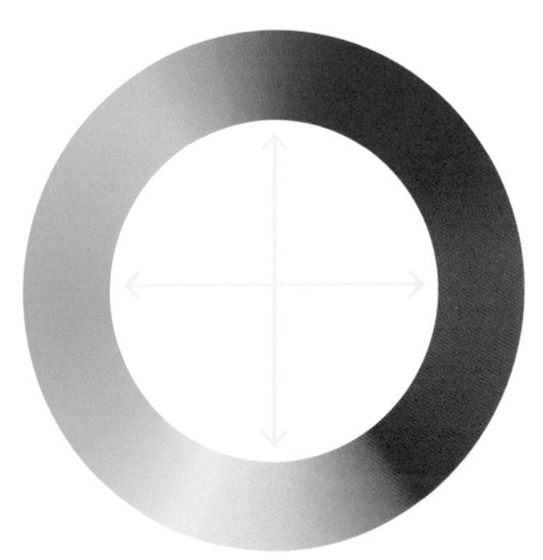

← 色温 & 色调

色温的范围从橙色、黄色到蓝色，在一条竖直的轴线上变化，你可以从左页的图中看到。但是，色调作为白平衡控制的第二个要素，范围是从绿色到洋红（参见第 273 页）。这背后的科学原理很复杂，简单来说，色温的改变会引起白平衡上的较大变化，亮度的改变对白平衡影响较小，特别是当你在钠蒸汽灯环境下拍摄时。（参见第 134 页）

控制白平衡

从另一方面讲，数码相机有内置的白平衡控制，让你可以指定色温，这样你就既可以纠正环境光，又可以夸大它的特点。实际上，白平衡可以让你准确地告诉相机，你使用的是什么类型的光源——日光、钨丝灯还是荧光灯……大多数数码单反相机还有更进阶的功能——你可以调整给定光源的色温（比如将3200K的钨丝灯的色温调整到3150K）。

当你想去掉特定光源对拍摄的影响时，白平衡是一个非常好的工具。典型案例就是在室内使用钨丝灯时，如果没有设定合适的白平衡，钨丝灯发出的橙黄色光就会影响拍摄。不过，由于现在CFL（紧凑型荧光灯）和LED灯正在逐渐代替钨丝灯，所以应该如何在这些灯光条件下准确设置白平衡还不是很清楚。

在第132～133页我们会更进一步讨论这个话题，但是现在，你要记住的就是：紧凑

© Henrik Winther Ander

型荧光灯（或者说所有的荧光灯）光谱都是有断崖式变化的，在光谱上，随着色温变化，会突然出现一个尖型的高峰，所以有时无法精准测算出正确的白平衡。而LED灯有着可调节的色温，所以也没法测算出对所有LED灯通用的标准的白平衡值。

幸好，在后期处理时，可以对白平衡进行随意调整，只要你的图像是用RAW格式拍摄的。在RAW模式下，你可以选择任何色温或色调，或者只是简单地选择画面中任意区域将其定为18%度中性灰。你甚至可以给同一张图片的不同区域设定不同的白平衡。不过，我们的目标仍然是在拍摄的时候设定一个尽可能精确的白平衡。

← 霓虹灯和荧光灯

商业场所一般会使用一排排的人造光源来营造动态美。虽然它可以吸引目光，但是它也会对数码拍摄造成严重破坏。通常情况下，你不得不尝试多种不同的白平衡，因为没有任何一个白平衡设置能完全适合所有的光线环境。不过，也不必事事追求完美，因为观赏者通常希望在画面中看到一些人为的生动色彩

↑ 街拍

当你拍摄快速变化的景物时，自动白平衡就是个非常有效的工具。在计算准确曝光值的过程中，你需要考虑的事情很多，比如：安排构图、选择最佳的拍摄主体……所以不必对色调太过在意。只需要确保它在可控范围内即可

设置白平衡的三个方式：

（1）自动白平衡可以自动地调整相机的色彩反馈。如果光线环境改变了，相机也会立刻随之做出调整。一般自动白平衡可以在3500K～8000K范围内运行。

（2）针对特定场景的预设白平衡让你可以通过告诉相机现有灯光的类型来准确地指示相机如何响应。在不同相机上有不同的预设。

（3）手动或自定义白平衡模式是最精确的，因为在这种模式下，你可以先拍一张测试照，然后手动设置色温。创建测试设置的具体步骤各不相同，但总体是一致的：首先，对着干净的白色表面测光，注意不要有任何阴影，让这个白色目标填满整个取景框；然后，在同样的光线环境下，使用自定义白平衡。这之后拍摄的所有照片，都会有一个准确的白平衡值，让你的拍摄主体得到准确色彩。

→舞台光
拍摄复杂的舞台光时，有两种选择，或者使用自定义白平衡；也可以不刻意追求精确的白平衡，使用有创意效果的色调

设置有创意的白平衡

挑战：

白平衡让你能够轻松对应任何场景的色彩，平衡传感器对特定光源的色彩响应。所以，根据这一特点，白平衡还可以用来当做一个制造创意的武器。你可以在中午的光线条件下使用“多云”模式，来给画面增加暖色调。也可以在室外日光下拍摄时使用“荧光灯”模式，来给画面增加冷色调。这是你应对这个挑战的一种方式。想想看，你在现有光线条件下，如何通过设置白平衡给画面增加不同的颜色（或更多的同种颜色），以此来创造出不一样的创意作品。

↓ 别与它对着干

对于钠蒸汽灯而言，白平衡对它几乎束手无策，因为它会发射出浓重的、自然界少有的黄色光，在这种光线照射下的街道有一种超自然的效果

© Kalatoto

→ **感受忧郁的蓝色**

虽然白平衡可以对雪景给出准确的设置值，但是效果却比不上这种在“钨丝灯”模式下产生的偏蓝色调，这种色调可以给画面营造一种更清冷的感觉

挑战清单

- → 尝试不同的白平衡选项；用RAW格式拍摄，并在后期处理时调整白平衡。
- → 当设置白平衡的时候，运用逆向心理学。你知道“钨丝灯”模式会增加更多冷色调来降低钨丝灯的暖色光对画面的影响，但是如果你加入更多暖色调呢？会是什么效果？
- → 使用正确白平衡的目的之一就是让画面中的白色景物尽可能接近纯白色调，但是不要被所谓的正确性束缚。如果用“傍晚”模式拍摄白色的教堂，让它显示出蓝色调，也是可以的。
- → 如果你的相机具有此功能，请尝试使用“白平衡”菜单中的颜色选择器调整颜色平衡。

© Kati Molin

控制强烈对比

正如我们前面讨论过的，人眼能够看到的动态范围比相机传感器要广。只要给些时间，等眼睛适应光线环境后，它就能够看见黑暗里或强光里的细节——这是大约24挡光线范围。当你观赏一个场景时，你的眼睛是在持续不断地从一个部分转移到另一个部分，你的大脑能够立刻处理反差大的色彩信息。但是传感器却不行，它只能处理有限的色调范围，诚实地说，这个范围并不能胜任所有场景。

事实上，除了反差度低的场景（比如：雾天或者阴天），很多日光场景都将相机的处理能力推到了极限。一旦对比度超过了相机的能力范围，就必须做出重要决定：保留什么、舍弃什么。你要掌握：如何做判断；可以用什么工具来处理这种极端环境；什么选择是最优的；如何做才能保证不丢失拍摄主体的重要细节……幸运的是，有一些方法可以帮我们既能精准地记录拍摄主体，又能创造性地借用面前挑战所具有的优点。

对比度控制：工具和技术

当你面对更复杂的曝光挑战时，最重要的是知道这里有一些工具和技巧供你使用，它们可以帮助你解决难以处理的对比度问题。一些解决方法是相机自带的（比如曝光补偿），另一些则需要依靠辅助器材和补光装置。不是每种工具都能处理所有情况，所以你需要不断尝试并熟悉这些工具。

↓考虑什么是最重要的

如果这张照片的目的是表现深色椅子的材质细节，那么它是失败的。但如果目的是想表现强烈对比，那么就可以允许座椅上的阴影变成纯黑色

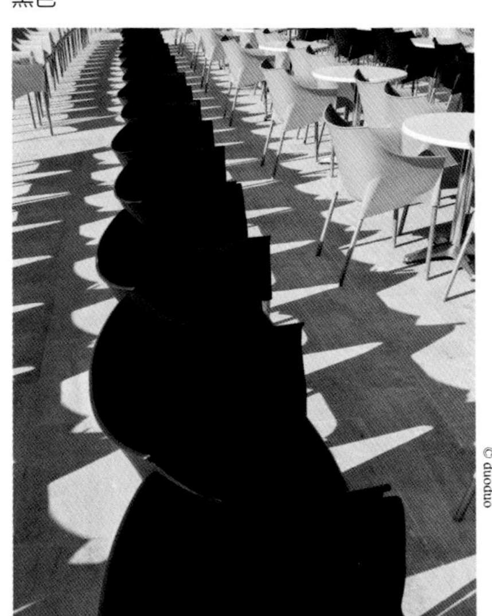

曝光补偿

通常，解决曝光问题的方法是对测光后获得的曝光值进行加减。最简单的方法是使用相机的曝光补偿功能。不管你选择的是什么曝光模式，这一功能让你能够自由增加或减少曝光量。一般来说，相机是以1/2或者1/3为间隔增加或减少挡位的。

曝光补偿通常被用于调整特定类型的选择性测光模式，比如：中央重点测光或者点测光（见第62～63页）。通过仔细测量场景中特殊区域的光量，然后使用曝光补偿来调整总体的曝光量，你就可以根据需要操纵场景中特定区域的色调值。

不论如何请记住，曝光补偿不能如魔法般的只改变曝光量而不影响曝光三要素的数值。在光圈优先模式下，曝光补偿会改变快门速度；而在快门优先模式下，它会改变光圈大小。这里有两个重要后果：一是，你需要考虑控制曝光的要素值改变后对照片形成的影响，无论是景深还是快门的速度；二是，在手动曝光模式下，曝光补偿不会改变曝光的各个方面的数值。如果你想要让场景更亮或者更暗，你必须选择直接改变快门或光圈或ISO的方法。

© Tomas Hajek

↑ 简单的固定

充足的阳光直射使得上方的原始照片曝光不足。简单地通过增加1.5ev曝光补偿就可以提亮遮阳伞，使画面活跃起来

挑战：

调整曝光补偿

当你将曝光补偿与自己的知识、经验结合到一起，它就可以在拍摄有难度的照片时起到良好效果。对于这个挑战，你需要找到一个通常会迷惑测光仪的场景。例如：当你拍摄雪景，要看看需要增加多少额外的曝光补偿才能表现雪景的干净纯洁。了解如何控制曝光补偿就是一个不断尝试的过程——所以，去增长你的经验吧。

↓ **爱丁堡城堡**

相机本想要拍摄出明亮、均匀受光的城堡，但实际上你看到这张照片时的第一印象却是很暗、很压抑的，这是由于使用了负向曝光补偿

© Steve Schwettman

→ **让白色成为白色**

这张照片中，充满明亮的阳光，为了让白色的沙滩呈现中性灰色调，测光系统不得不选择欠曝。所以需要增加一挡正向曝光补偿

挑战清单

→ 原始数据会记录下你在每张照片中使用了多少挡的曝光补偿，所以不需要特别在意。但是要对比各种补偿量对照片的影响。

→ 为了更好地表现深色拍摄主体本身的色调，必须在测光后获得曝光设置的基础上做一些负向曝光补偿；相反，为了表现浅色系拍摄主体的自然明亮色调，需要增加一些曝光量。要记住，测光仪眼中的世界是灰色的。

→ 完成拍摄后，要记得把曝光补偿调回到“0”。

高动态范围的图像

解决极端对比度难题的一个更具创新性的方法是高动态范围成像（HDRI），这已经成为一种非常流行的技术。HDRI是一个简单的过程，在一系列不同的曝光中捕捉到整个动态范围，然后将所有的动态范围组合成一个图像文件。到目前为止，这个方法还不错，但这种组合的图像文件（以RGBE或OpenEXR等特殊格式保存）仍然不能在普通计算机或电视屏幕上查看。它需要通过一个称为色调映射（tone mapping）的转换过程，这个过程可将其转换为可视图像，在这个过程中，你可以决定将你收集到的整个色调数据如何准确地分布在有限的动态范围上，并可以在可视化平台（如纸质打印或数字显示）上看到它。

捕捉必要曝光的最简单方法是将相机设置为自动包围曝光模式，在这一模式下，相机会拍摄一系列照片，其中会有一张正确曝光（这由测光系统决定），而其他照片则按照预定范围过曝或者欠曝。通常可以在相机中

←↑↗↘ 三张包围曝光照

这个场景是一个典型的高动态范围场景：中景和背景是明亮的午日阳光，前景是一片阴影。所以最佳的曝光选择是包围曝光——一张以高光为基准；一张以中间色调为基准；另一张以阴影为基准——然后将它们合成为一张图片

精确设置包围范围。

一般来说，三张照片，其中两张分别+，-2挡就足够了——也就是说，第一张根据测光值曝光；第二张增加两挡，过曝；第三章低两挡，欠曝。结果是你现在将动态范围扩展了6挡：高光区3挡，阴影区3挡。根据你的相机（相机的处理能力），你甚至可以拍摄非常宽的范围，比如说，12张包含大量色调值的照片，但也要注意过犹不及。通常，将相机传感器的原始动态范围向两个方向扩展一两次就足够了，而且这样生成的文件更容易处理。

HDR处理

Photomatix、Adobe Photoshop或Lightroom等专用程序中都有提供一些内置工具和插件，它们可以将包围曝光的图像组合成一张HDR图像。不管你使用哪款软件，从根本上来说，基本过程都是决定在最终图像中如何呈现曝光信息。例如：在Photoshop软件中，在8位和16位模式下给出4个选项：局部适应，这给你最大的控制权，并允许你构建一个自定义的色调曲线，以此将曝光信息尽可能准确地分布在画面的不同区域；色调均化直方图，所有收集到的曝光信息全面分布在整个画面中；曝光度和灰度系数，允许你手动调整亮度和对比度；高光压缩，尝试用另一张图像来修复高光溢出图像的细节。

另一种选择是将三张曝光图像组合成32位的TIFF，你可以在Adobe Camera Raw中查看它的色调图。它为你提供了一组熟悉的曝光控制（见第265页），但每个滑块的效果都比平时大得多，因为现在可被操作的曝光信息比只进行一次曝光捕获的信息要多得多。这相当于在原始场景中创建一个包含所有光照信息的档案馆。

如果你开始全面探索HDR，你很快就会意识到，通过多个图像捕捉到的丰富信息可以采取多种方式结合在一起，这会给你丰富的曝光选择。图像的最终呈现很快变成一种个人的、创造性的表达。将一个普通的场景调整为一张经过大量处理的、超现实主义艺术的照片变得非常容易。但是，强烈建议你从最逼真的处理开始。第一，这更接近本书的目的（首先使用HDRI作为曝光工具）；第二，因为太容易被超现实主义吸引，所以最好在进入更高水平的实验之前打下坚实的基础。

← 简易ND滤镜

在拍摄室内照时，HDR也会起到很重要的作用。光线从漂亮的窗户照进来，很明亮，比任何室内照明都要亮，所以为了捕捉从地面一直到屋顶的所有细节，将三张曝光照组合成32位TIFF，然后在Adobe Camera Raw中处理色调

挑战：

用HDR图像挑战高对比度

尽管传感器的动态范围是有限的，但那仅仅代表它只能记录画面中某一色调范围。这就是这个挑战的秘密：你分别对场景中的两个或多个不同色调区域进行曝光拍摄，然后在处理时将它们组合成一个HDR图像。最终的照片就会包含大大超出相机设定的限制范围的色调。所以，寻找极端的对比度，范围越宽越好。然后通过扩展动态范围来征服高对比度场景。

平衡大地和天空
要想捕捉天空中丰富而饱和的色调，就会导致画面严重欠曝，这意味着前景的船坞将几乎是纯黑色的。所以，一个简单的HDR组合，一个对天空曝光、一个对前景曝光，意味着所有的色调可以融入一个单一的最终图像。防重影功能可以防止波浪的运动分散注意力

→ 拍摄图案

这张照片展示了HDR不容易被发现的一个作用。第一个镜头对准外侧和柱子曝光，第二个镜头对准画面左上方拱形屋顶上的图案细节曝光

挑战清单

- → 三脚架是很有用的，但自动校准功能也会对你有很大的帮助；在拍摄中尽力保持设备稳定。
- → 在各种不同曝光下快速拍摄一系列照片的方法是使用自动包围曝光功能。首先确保针对中间色调的主曝光设置正确，然后以尽可能宽的范围将场景中的阴影和高光信息捕捉进画面来。
- → 如果你的相机有一个内置的HDR设置，可以试用一下，但也要多尝试手动曝光，然后比较一下这两种模式的区别。

数码摄影中的分区曝光

美国风光大师安塞尔·伊士顿·亚当斯是开创创意性曝光的先驱之一。亚当斯的摄影水平也许比他之前任何一个摄影师都要高，他不仅用自己充满魅力的野外摄影作品重新定义了自然摄影，还将曝光技术提升到了一个新高度。正是他关于视觉、曝光及其相互关系的精辟著作，使一代又一代的摄影师对曝光的力量有了透彻的了解。

在1939～1940年，亚当斯和他的同伴——摄影师弗雷德·阿奇，一起创建了名为“分区曝光”的曝光方法。每个系统可以提供一个方法，通过这种方法，人们可以利用曝光工具，将他们的个人视觉感受转化为最终的印刷品。正如亚当斯所说，这与其说是一项发明，不如说这是“感官测量原理的集合”。亚当斯还创造了“视觉化”一词（常被误称为“预视觉化”），来描述这一将个人视觉感受转化为最终作品的过程。亚当斯将分区曝光与欠处理和过度处理结合使用，通过适当地分别与过曝光量和欠曝光量相结合，改变底片的对比度。在数码相机上，这个操作就简单得多，只需要移动对比度滑块。

虽然这一功能最初是为了辅助曝光和印刷黑白底片而开发的，但它的核心功能很适合运用在数码摄影上。尽管很多书籍已经介

→→→ 区域Ⅲ、Ⅴ和Ⅶ

数字摄影帮我们节约了很多时间，让我们不用纠结于10个色调区域的区别及其相关定义。事实上，一旦你了解分区曝光的原理，你可以只关注这三个区域，它们从左到右依次是（如图所示）：纹理深暗区——第Ⅲ区（第三区）、中间色调——第Ⅴ区（第五区，也是关键区）、纹理明亮区——第Ⅶ区（第七区）

© Dmitry DG

绍过分区曝光，但是有些作者让它看起来非常复杂，其实事实上并非如此。

其实，只要了解分区曝光的基本原理，就能获得良好的曝光，这是一个很简单的过程。而且，分区曝光还创建了一种快速、可靠的方法，可以根据你的需要准确地处理色调。分区曝光的基本原理是：我们周围的世界可以被分为10个不同的色调（一些不同的系统会分为9个或11个）。这些色调值从区域“0”到“IX”（第九区），“0”代表纯黑色，“IX”代表纯白色。中间色调是“V”（第五区），它代表一个中间点，正好介于纯黑色和纯白色之间。正如我们之前讨论过的，这个中间区域被摄影师们称为“中性灰”。

10个不同的色调区域在分区曝光标尺上的显示有一个有趣的规律：标尺上的每个区域代表一个色调，其亮度或暗度为相邻区域的一半（明暗取决于移动的方向）。

你应该还记得我们讨论过的基本曝光控制，每次你从某一挡曝光调转到下一挡，就会将到达传感器的光线量翻倍或减半。你可能已经猜到了，每次你增加或减少一挡曝光（通过调整快门速度或光圈），就是将分区曝光标尺上的一个值移到相邻的另一个。换句话说，标尺上的每个区域与相邻区域都相差一个曝光挡位。通过改变曝光，你可以准确地改变特定色调在10个色调区域内的位置。

例如，当你对某个特定色调的拍摄主体测光（假设是个苹果），你将它放在第五区。但是，如果你将光圈增加一挡或将快门速度降低一挡，苹果的色调就会向更亮的区域升一格，也就是变成第六区。反之亦然，降低一挡光圈或增加一挡快门速度，苹果的色调就变得更暗，进入第四区。你可以看到这个功能的作用，它可以安排任何拍摄主体的色调，这是一个严谨的科学设定。

这个系统的优点就是不用在意拍摄主体的色调是否在第五区。要想让它更暗，你只需要在测光仪读数的基础上减少曝光。要想让它更亮，就增加曝光。不论调整快门或是光圈都可以，但是要记住：你每改变一挡曝光，色调就会相应地在色调标尺上向上或向下移动一个区域。决定你创意的是中间色调的初始位置，中间色调确定后，其他所有的色调都进入各自的区域。分区曝光的流程是：定位，然后分布。只要你学会如何给中间色

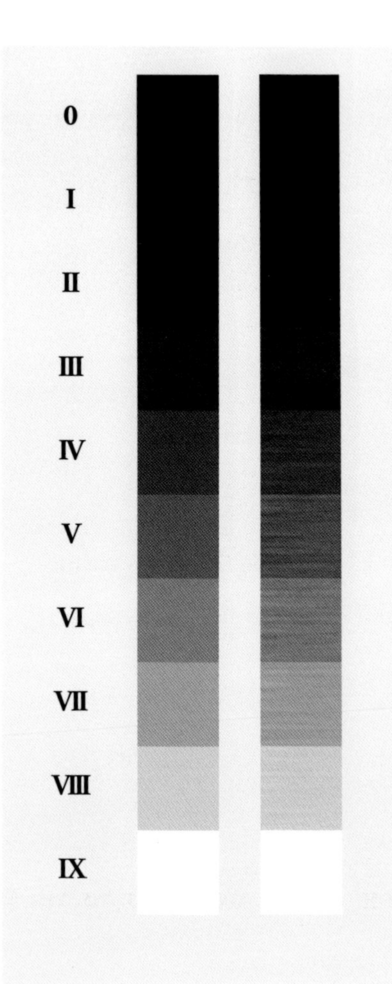

调定位，充分了解余下色调将如何分布，你就能立刻掌握分区曝光。

区域

有些分区曝光将整个区域分为9块或者11块，而不是这里显示的10块。请注意，我们在这里展示了两种标尺，一种是纯色，另一种是添加了纹理的。一个学派认为，纹理的材质更接近真实场景，因此更容易判断。

第0区　纯黑。RGB中的0、0、0。没有细节。在数码摄影中，黑点在这里。

第1区　深黑。如在深深的阴影中，没有明显的纹理。在数码摄影中，几乎是纯黑。

第2区　阴影区域开始出现纹理。富有神秘感。在数码摄影中，在这个区域下，细节与噪点开始有了区别。

第3区　有纹理的阴影。很多场景和图像中的关键区域。纹理和细节清晰可见，比如深色织物的褶皱和编织纹理。

第4区　典型的阴影。如黑暗的树叶，建筑物，景物。

第5区　中间调，处于平均值，为中等灰度，数值与18%灰度卡一致。比如深色的皮肤、浅色的树叶。

第6区　相当于普通白种人的肤色、阴天环境下的混凝土色、光照环境下雪地的阴影部分。

第7区　明亮的纹理。如苍白的皮肤、明亮光线下的混凝土。黄色、粉色和其他明显的浅色。在数码摄影中，这个区域值下可以在高光中看到细节。

第8区　最后一点质感。明亮的白色。是数码摄影中，高光区域能接受的最亮值。

第9区　纯白，数值为RGB255，255，255。仅适用于镜面高光。

暗色调照片

在多数情况下，你是接受还是改变测光仪测出的曝光设置，将决定拍摄主体的色调是否符合观众的认知，是否处于它们通常应该在的地方。你只是简单地根据测光值将曝光调整到正确的第V区（第6区），也就是增加曝光，让白色的拍摄主体保持白色；亦或，减少曝光，让暗色的拍摄主体保持暗色。但是，有时从中央分离的曝光会产生一些非常戏剧化的效果。一般来说，创造这种极端变化是为了强调拍摄主体的个性，渲染强烈的气氛。当然，如果你的改变过于极端，人们会把你的曝光视为错误而不是创造。改变的具体程度，需要你自己掌握，你需要不断试验，去发现适合你的参数。

不管怎样，深色调、光线弱、中间色调区域少的摄影作品，都被称为“暗色调照片”。暗色调照片也可以有高光（而且大多数都有），通常需要通过对比，用有限的亮色调来凸显暗色调区域的丰富细节。暗色调照片的整个色调范围，往往是相当暗沉的，比如：一副暗色调背景的肖像照或者由浓重深色组成的景物照。

因为它们固有的暗色，暗色调照片往往会引起忧郁的情绪，也往往带来神秘感。人眼倾向于在暗色调的图像上停留更长时间，因为我们的大脑本能地想要寻找明亮区域的线索。

→ 圣约翰教堂，伦敦塔

这里，为了表现中世纪建筑的真实感，这座教堂的深色调阴影与透过窗户发出的耀眼阳光形成对比

↓ 淡化阴影

这幅照片上，模特的上臂和颧骨上有一道微弱的亮光。颜色属于中间色调或偏暗色调，当它们与纯黑色背景和阴影形成对比时，不需要进行任何饱和度提升，它们就可以看上去更丰富、更明显

极度欠曝

设想一下，你在拍摄雷电交加的场景。如实记录这些色调可以证明你所拍摄的是一个充满暴风雨的天空。但是，如果你有意将场景曝光降低两到三挡，就可以夸大这种情绪，强化当时的戏剧效果。通过这种方法，你可以明显减少场景中的灰色调，获得一个几乎黑色、大面积都是暗色调的天空。整幅画面——除了最亮的高光部分——都会转变成深灰色。

拍摄暗色调场景的诀窍是不要太暗，这样就能保留阴影里的微小细节，方便你进行后期处理。如果乌云里的细节丢失了，可能没关系，但如果前景变成了纯黑色，丢失了细节，你就会失去场景的质感，你的照片也会缺少场景的位置感和背景感。

这种过度欠曝的方法也可以用在色彩更丰富的拍摄主体上。用欠曝来表现色彩的丰富，用暗色调的阴影来表现质感。例如，拍摄一个街头的菜市场，“正常”曝光会记录下一个彩色的、轻快的场景。但是通过降低曝光量，阴影开始成为主导，人们变成深色的剪影，各种颜色的商品变成抽象的形状。对曝光进行极端的改变，可以转变画面的氛围——这完全是你作为一名摄影师的创造权利。

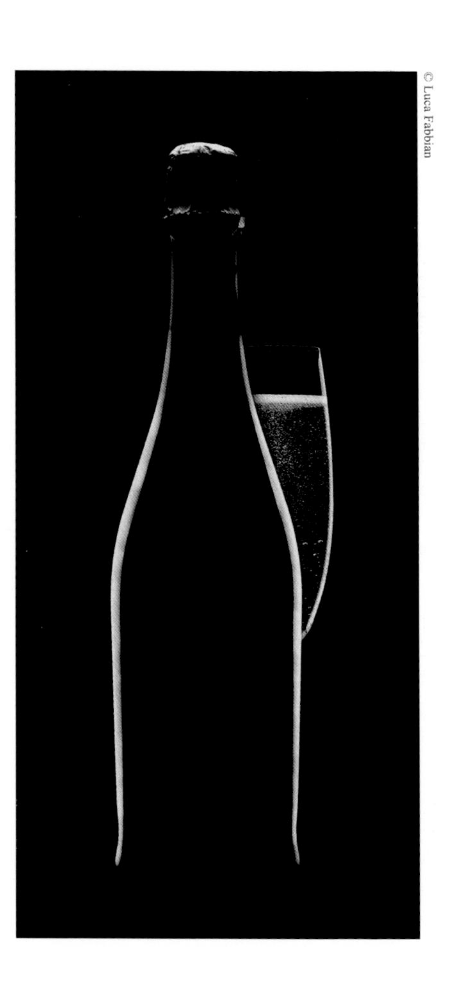

© Luca Fabbian

↙ 参与产品拍摄

在一张产品照里，隐藏起主要的拍摄主体，这虽然看上去有点反常，但能够很有效地吸引观赏者的注意力

↓ 艾尔岛上的乌云

这幅照片里，没有明显的高光，虽然云朵、流水、中景都比其他景物要亮一点。将亮度限制在直方图的左侧，可以增强图像的张力

挑战：

用暗色调拍摄阴影

黑暗、阴沉、暗淡……这些词都是暗色调给人的感觉。但是暗色调场景也可以带给人一种王室般的尊贵感，伦勃朗就在他的作品用运用了这种照明风格。在完成这个挑战时，你会发现，即使是色调标尺上的暗色区域也有它的情感之光。你必须在那些之前没有吸引到你注意力的地方看到力量和情感。但是，一旦你学会将中间色调向下调整，拥抱阴影世界，你会找到很多藏在秘密巢穴里的视觉魔法。

↓对比是关键

讽刺的是，四周都是光源，却形成了一张暗色调照片。不过这里的阴影却不是没有对比的黑色

→ 保留它的神秘感

降低几挡曝光，可以让你看见拱门和窗户。让它们成为纯黑色，可以制造一种更迷人、更神秘的效果

挑战清单

- → 暗色调照片不是没有高光。通常，一点点亮光就可以将很多的注意力吸引到场景中的黑暗区域。事实上，即使一朵白色的玫瑰，也能被拍成暗色调，通过极度欠曝可以去掉它本身的明亮。
- → 如果你在拍摄室内人像照，用一张黑纸作为背景。让你的拍摄主体穿上深色系的衣服，可以进一步增强画面的暗色调效果。
- → 阴天时，欠曝的风景照可以很好地表现这种天气的情绪。一个快速捷径：读取中性色调的读数，然后降低一到二挡曝光。

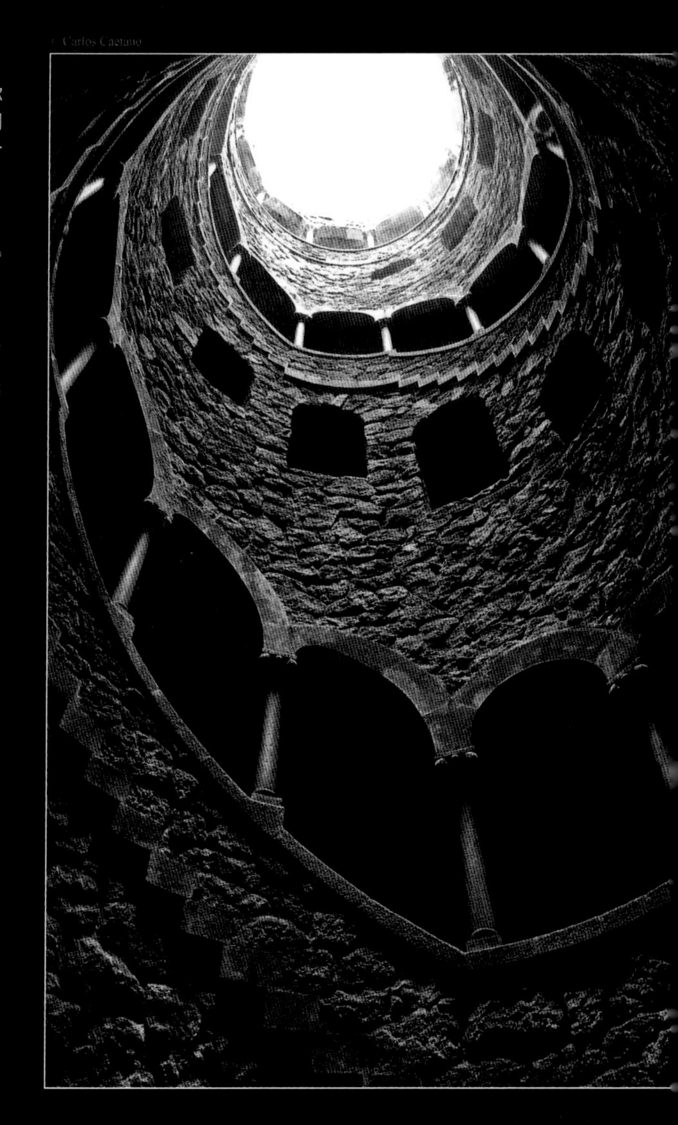

亮色调照片

亮色调照片是在较亮的中间色调和最亮的高光之间获得平衡的一类照片。在对亮色调场景曝光时，最好不要出现完全纯白的画面，因为那样会影响照片的空气感和浪漫感。有一些中间色调或暗色区域算不上是错误，但是当它们的对比度适中，暗色调保持在最低限度时，亮色调照片的表现力最强。亮色调照片会让人感到愉快、乐观。这种技术特别适合用在人像摄影上，不论是正式的，还是非正式的，因为它带给人们一种温柔、梦幻般的感受。

↙ 亮色调时尚照

亮色调对这张肖像照有两个直接的影响：一是，皮肤显得吹弹可破，不需要再做任何处理就已经很完美；二是，嘴唇和指甲的红色更加突出和大胆

↓ 轻快的室内

当拍摄室内空间时，特别是家庭空间，通常希望能通过清洁、舒适表现出乐观积极的生活态度。让大量的光洒满房间就可以做到这一点

© Valua Vitaly

极度过曝和亮色调照片

通常，拍摄主体在过曝的情况下会不那么好看，因为过曝意味着损失较高比例的高光细节。因此，亮色调最适合用在那些在情绪上、天气上与之相匹配的拍摄主体，比如：夏日暖阳下，随微风摇摆的白色或黄色花朵；身穿白色连衣裙在草坪上跳舞的女孩……在这些情境下，表达情绪比显示细节更重要，如果你捕捉到了正确的瞬间，那么强有力的情绪就会渲染到场景每个空气分子上。

让较亮区域溢出，观赏者可能会觉得是拍摄错误。但是如果你去看看日历或者贺卡，就会发现这实际上是一种非常流行的技巧，在营造明快、轻松、乐观的氛围方面非常有效。这个技巧在艺术指导们那儿很受欢迎，他们常常用其表现拍摄主体干净、美好的外表。

↑ 不完全溢出

用摄影棚闪光灯从一张有机玻璃后面照射这些兰花，它们会是明亮的，但不会出现高光溢出，边缘不会受到影响，你可以清楚地沿着每片花瓣边缘的不同线条，看出花朵的整体形状

↗ 完全溢出

这幅照片中，曝光只增加了一挡，但是变化却很明显。花瓣变得更亮，看起来像是半透明的。事实上，这里的亮色调拍摄为了强调颜色和光线而牺牲了形状

过度曝光的一个有趣的附带作用是可以让色彩更加柔和，从而让作品更受观赏者的喜欢。几乎所有颜色都会随着亮度增加而减弱，眼睛就会相应地将更多注意力放在色调的细微差别和对比度上。在亮色调摄影中，那些细微差别变得更多。不过，要记住，在你不断增加曝光量的同时，也进一步丢失了拍摄主体表面和边缘以及较亮区域中的细节。你正在将本应较暗的区域转换成中间色调，或者甚至亮于中间色调。所以，亮色调不适合用来拍摄阴影区域有重要细节的景物。同样地，如果你在背光拍摄，也会失去拍摄主体的形状，因为形状边缘会被背光侵蚀。不过你可以更进一步利用这个效果，通过抹去大量的边缘细节，让你的拍摄主体看起来像飘浮在半空中，从云中飘出来。

挑战：

在亮色调中拥抱高光

亮色调图像有着令人愉快的色调和光芒，难怪会成为贺卡上的主要素材。这就是亮色调照片的魅力所在——快乐的感觉、纯净的氛围。掌握这一技巧的关键是你能够看到或者创作出比中性灰色调更亮一些的作品。突出光感的方法之一就是放弃最亮区域的一部分细节，来建立一种快乐的、纯真的情绪。

↓**展现主题**
拍摄特写镜头时，如果光线量充足，通常需要选择亮色调的形式来表现沐浴在柔和光线中的拍摄主体

→ **柔和的轮廓**

亮色调照片会让观赏者欣赏到保留下来的纹理细节，所以，轻度过曝的方法往往比适度曝光有更好的效果

挑战清单

- → 如果你想拍摄一个亮色调的静物照，你会选择什么作为道具？鸡蛋、栀子花还是白色的瓷器？
- → 如果亮色调照片中有高光溢出直方图的右侧，不要害怕。要记住，为了营造气氛，是可以放弃一些细节的。
- → 想要拍摄亮色调的肖像照？用一块白色床单作为背景或者裹在模特身上。只需要使用曝光补偿，将色调向上（更亮）调整几个区域。

© Elenathewise

第 2 章 光线和布光

本章内容：光线和布光

因为光线在我们的日常生活中无处不在，所以我们很容易低估它的重要性。我们白天在室外活动，如果没有日光，我们就得不断用人造光与黑暗做斗争。即使在我们认为非常黑的地方，也总是有一些光线的，就像夜晚的林间小路上也会有微弱的月光照耀。所以，人们会觉得光的存在是理所当然的。光一直都在，或明或暗，就像只要打开灯就会有光一样简单。

当然，摄影师知道对于拍摄而言，需要做的还有很多，正是这些让光线和打光成为摄影的基本要素之一。光线就是你的摄影语言，在提升摄影技术的过程中，要让它逐渐变流畅。有时，摄影师会提到他们“看”或“读”光的能力。表面上，这么说很理所当然，你当然可以看见光了，每个人都可以。但其实，他们所指的是他们观察细微光线、然后捕捉它们并在图像中创造性地运用它们的能力。摄影师注意到不同光源具有不同的颜色，还有阴影的密度和长度、光线的角度与时间等许多因素都会影响画面。

在多数情况下，通常对光线有一定程度的控制。但是，有时对于摄影记者或者自然风景摄影师来说，并没有时间或意愿去直接改变光线。这种情况下，你就需要决定如何用相机回应和记录这些光线了。你想要多浓的阴影？是否需要保留高光区域的细节？是否应该调整温暖的钨丝灯或透过窗户的日光的白平衡？渐渐地，当你精通光线语言时，这些问题将不再成为障碍，而变成可以用来实现特殊视觉创意的工具。

每次拍摄，光线都会产生不同的效果。在一种光线下，一个场景可能很无聊或很平常，但是改变角度或强度，突然之间它就变得更有趣了。有时，光线本身就很有吸引力，可以将其作为拍摄主体。不可能精确地分离出什么样的光是令人陶醉的或美学上令人愉悦的，也无法说出原因（尽管有一些普遍的趋势需要注意，例如一天开始和结束时的金色光），这种普遍性在艺术界并不多。但当你看到光时，你要学会分析它的特质，并在遇到它们时做到充分利用。

位深度和色调

↑ **明显的天际线**

蓝色天空中由地平线向上的色调渐变是这张照片中的一个精彩元素。如果这幅照片没有足够的位深度，这种渐变由于数值的跳动幅度过大，很容易变成生硬的色带

在数码图像中，每个颜色值都用一个确定的、互不重复的数值表示（与胶片相反，胶片存在于相似的连续体中）。在计算机中，这个基础单元被称为“位”（也就是比特），它是“二进制位”的缩写。这些位有两种状态——开或关，用数字1或0表示，非黑即白，没有中间状态（因此是“二进制”术语）。所以，一个单独的位可以表示一个像素是纯黑色还是纯白色，但是没有任何空间留给渐变的灰色。当应用于数字图像时，数值的范围被称为图像的“位深度”。

回顾一下，我们在第80～83页中关于动态范围的讨论。在创建图像文件时，图像传感器为每个像素分配一个数值，通常范围是0～255。现在你可以知道，那些数字是从何而来的了：（在本例中）图像文件是用8位组成的。这么看起来似乎不多，但其实我们可以看到的不仅仅是图像中的256种颜色和阴影。每个像素都是从三个不同的发光二极管（每种原色一个）中发出来的。所以，事实上，一个色彩通道包含256×256×256种不同的信息，也就是1670万种可能的颜色，远远超过我们能用肉眼分辨的颜色。

虽然，1670万种颜色看上去要比所有图像需要的都多，但实际上并非总是如此。例如，一张用广角镜头拍摄的照片中包含一片广阔的蓝天和地平线，画面底部有一些较暗的风景。随着天空接近地平线，它的蓝色也逐渐变深。光线和天空深色区域的区别可能不是很明显，但是它延伸在画面的大部分区域。与其使用1670万个不同的数值来显示变化，不如只使用几十个。由此产生的图像可能会表现出一种称为“带状”的现象：在画面的一大块区域中，色调之间出现明显且肉眼可见的变化。即使最初并不十分明显，但在后期处理中任何重大调整都会夸大色调之间的突变，导致的后果就是会分散注意力，产生不真实感。

增加位深度

我们可以通过增加位深度的方法来减轻这种带状效应。到目前为止，我们一直在讨论的8位格式仅仅是构建数字图像（运用在JPEGs格式图像、相机直方图和大多数LCD显示器上）的基础级别。如果你用RAW格式拍摄，现在的图像传感器能够以12位或14位格式保存。这为你提供了每个通道65536个离散值，或者281万亿种颜色，足以确保即使是最细微的渐变也不会显示出带状。

当然，只有经过后期处理的RAW格式文件才能被显示。如果你想要在图像处理软件中进一步调整RAW文件，就需要确保有足够大的位深度。在Photoshop中，点击“图像”——“模式”，选择16位或32位/通道。不过，要记住大多数展示品或印刷品仍然只使用8位/通道，所以你需要在显示或打印这些图像前将它们保存为低位深文件。别担心，你依然能使用高位深度的原始文件。你只是做了一个更好的工作，根据画面需要把色调分布在适当的区域。

值得注意的是，动态范围和位深之间有

着明显的区别：虽然我们可以在一个给定范围内增加离散值的数量，但我们并不能从实际上扩大这个范围。也就是说，用更高的位深度并不能增加传感器的动态范围——黑色仍然是黑色，白色仍然是白色。更大的位深度只能给我们更多的空间来展示这两端之间的差异。

→ 大量空间

不是每个场景都需要281万亿种颜色来获得精准的展示。有时，如果你想要高对比度效果，不管怎样，你都会在两端的颜色之间抛弃很多颜色。关键是要能看得出哪个场景存在大量渐变，需要高位深度。当然，不论如何用RAW格式拍摄都是个不错的选择，你可以根据需要选择使用更大范围的色调

一天中的日光

一天中不同的时间对于日光在摄影中的作用有着决定性影响。早晨和傍晚，日光的照射角度很低，中午左右升到头顶，光线变得刺眼。

黎明与黄昏

如果你曾有过为了去风景区看日落争分夺秒的经历，就会知道太阳在接近地平线的时候，光线变化有多快。虽然在广袤的天空中几乎看不出来，但早上和傍晚时太阳的移动好像都在加速。事实上，太阳一直保持同一速度移动，仅仅是因为早晚的太阳与地平线这一参照物靠近了，让我们觉得它的运动加速了。但是，随着太阳照射场景的角度变化，光线的质量确实在快速改变着。这些变化是难以预料的、是夸张的，你必须快速地观察它们、分析它们的影响并应用它们。

在早上和傍晚，太阳看上去是红色的，因为它的光线穿过更长距离的大气层，其中的蓝色和紫色光会被大气层散射掉。另外，日光中的红色光会受到地平线附近的云层影响而扩散。

正午时分

中午，太阳到达它的最高点，并达到最明亮的强度。它也处于与地球相对最垂直的角度，所以阴影非常浓重，创造出高对比度的场景。要想捕捉到这类场景中的整个动态范围，精确的测光必不可少。拍摄风景照时，各种各样的滤光镜既可以帮助你拍好强烈光线下的蓝天，同时又能保护绵延起伏的绿色山丘上和树木、建筑投射下的阴影里的中性色调。肖像可能是特别具有挑战性的，因为阳光会在拍摄主体的脸上投射出不讨好的阴影。可以用闪光灯、反光板或柔光板来填补这些阴影。

← 强烈的对比

黑白照中使用了强烈的对比，浓厚的阴影虽然失掉了细节，但依然成为画面中引人注目的部分

↑ 日出日落时的剪影

在摄影界，日落一直是个受欢迎的时刻，但是对于拍摄主体本身而言，落日本身并没有什么特别。不过，用黄昏时分的明亮光线作为另一个拍摄主体的背景，就能帮你表达创意。这幅图中，明亮的天际线倒映在亚马孙河中，一叶孤舟和树林变成剪影

另一方面，如果增强对比，正午的阳光可以创造出简洁有力、充满活力的图像。黑白摄影特别适合这种情况，因为这时的阴影和高光通常缺乏细节，分别变成纯黑色或纯白色。但接受高对比度通常意味着接受浓重的、没有特点的阴影。

其他时段

当我们意识到白天特殊时段的光线会带来特殊挑战，就可以进一步知道，这些特殊时间段（特别是清晨和下午晚些时候）的光线往往更有利于拍摄。这时的光线照射角度既不高也不低，在肉眼看来既有吸引力（适合各种拍摄主体）又有正确的白平衡（让白平衡调整成为一件简单的事儿）。

→ 早上和傍晚
清晨和傍晚时分，太阳的角度比较低，光线不是那么明亮，所以既不会掩盖树木上微妙的绿色和黄色，也不会让阴影太过显眼、占据画面的主要部分

强光线的处理方法

在理想光线下拍摄时，耐心固然是一个必要条件，但是作为一名摄影师，你不应该完全受大自然支配。相反，你应该运用各种各样的工具和技巧来控制光线，让它适合各种拍摄主体。

↑ 滤镜效果

渐变滤镜可以平衡过亮的天空和较暗的前景，也可以用来给画面增加颜色。上面这张合成的照片，向我们展示了不同渐变滤镜的效果，从左到右依次是无滤镜、中性密度滤镜、蓝色滤镜、绿色滤镜。通过滤镜，可以拍摄出云层的更多细节

渐变滤镜

在很多风景照中，画面的上方有非常亮的天空，亮度远远超过中性色调和画面底部的阴影。为了让相机传感器的动态范围能表现这么大幅度的亮度变化，你可以使用渐变滤镜来减少画面顶部一些最亮的光线，同时随着向画面下部移动，允许越来越多的光线通过。最常见的是“中性密度滤镜”，它可以挡住一定量的光线，又不会在画面中额外添

↑ 高饱和度的天空

偏光滤镜可以更好地表现出蔚蓝天空中的云朵，并且保持从水面反射出的明亮光线。随着向左上角移动，蓝天的饱和度逐渐升高，广角镜头意味着偏光滤镜的影响也逐渐改变

加任何颜色。你可以通过在镜头前端安装或卸掉这些滤镜，来配合场景中逐渐变化的光线水平。可以从本页这张直方图中看出滤镜的作用：当在镜头前安装上滤镜时，直方图逐渐接近了右侧边缘。我们的目的是让高光在不溢出的前提下，尽量接近右侧边缘。

偏光片

另一个阻挡场景中的部分光线来防止过曝的方式是使用圆形偏光滤镜。这些滤镜可以暗化天空，凸显云朵，特别是与太阳成直角时最有效。在镜头前端安装滤镜后，你可以根据特殊的曝光要求来调整偏光镜的效力。一定要注意偏光镜的其他影响，因为它还可以减少玻璃和水的反射，并能穿透大气的薄雾。

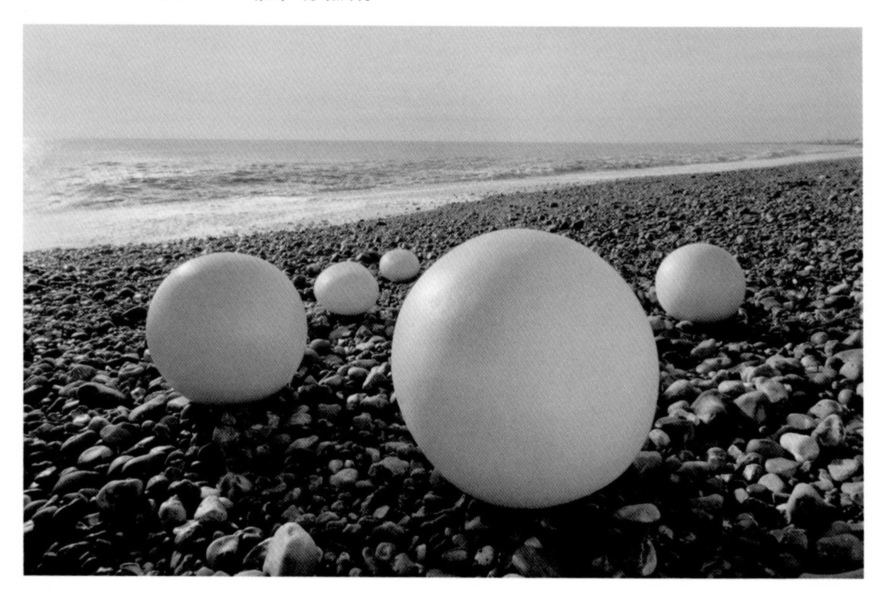

填充阴影

中性密度滤镜和偏光滤镜可以通过减少光的强度来降低对比度。另一种选择是降低阴影的浓度，使其更接近高光。这被称为“填充阴影”，可以通过多种方式完成。首先，你可以使用闪光灯，直接增加场景中的光线量。这种使用闪光灯的填充方法是有效的，因为闪光灯的色温接近日光，这两种颜色通常可以混合而不会显得不自然。但是它需要一点儿调整来平衡闪光灯的亮度和周围光线。

反光板

任何物体的表面都可以充当反光板，它的作用就是将日光反射到拍摄主体上。你可以通过调整反光板的角度来控制反射光照射的位置。白色反光板可以反射大部分光线，所以是最常用的。如果你想给光线加入一些特别的颜色，可以选择金色或银色反光板。反光板的使用比闪光灯更简单，因为在拍摄前，你可以实时看到光线反射的效果。反光板以其重量轻、价格便宜、可以折叠、便于存放的特点，成为一种必不可少的摄影设备。

← 补充光线

这片海滩上的光线具有很强的方向性，因此在相机右下方放置一个可折叠的银色反光板，来填充这些石质物体背面的阴影（艺术家Yukako Shibata）

↓ 自然散射

这幅肖像照通过光线的自然漫反射作用，弱化了穿过竹林落在拍摄主体脸上的阴影。一条直射的阳光增加了立体感，烘托了气氛，但是需要根据面部其他部位进行精细的颜色校正，以免被摄主体显得太蓝（从色温看）

柔光板

柔光板可以将给定光源的光线散射开来，使光线更均匀地照在物体上。在室外人像摄影中，在太阳和拍摄主体之间放置一块大的、半透明的板子，既可以让光线均匀地落在拍摄主体的脸上，又能弱化阴影、降低高光亮度。

拍摄阳光

从技术层面讲，任何把相机对准太阳拍照的方法都是错误的：图像会有严重过曝的可能；色彩的细节很容易丢失；会缺乏质感。但是创造性地处理这些场景可以拍摄出成功的作品。如果取景框中可以看到太阳，极高的动态范围意味着你必须对曝光进行调整——要么提高拍摄主体的亮度，让天空过曝变成纯白色；要么保证天空的正确曝光，让前景变成剪影。矩阵测光会假设曝光过度，然后对整个图像进行负向曝光补偿。点测光会告诉你画面中的哪个区域处于适当曝光。不论如何，有效使用直方图对实现你想要的效果至关重要。

如果太阳被场景中的某个东西挡住了，这个物体（会显示为剪影）的四周会被金色的阳光包围。这些边缘上的光线突出了物体的形状，为图像赋予强烈的几何感。

朝着太阳拍摄，在术语里叫作“逆光”。与在影棚里不同的是，自然环境中背光光源的高度由太阳的位置决定。正是因为这个原因，很多室外背光拍摄都选择太阳高度较低的傍晚或者日暮时分。而在一天中的其他时间段，要想采用背光，摄影师就需要躺在地上，以向上的角度拍摄了。

↙ 拍摄落日

用欠曝的方式创造剪影效果，很好地增强了画面的氛围，也意味着远处的天空可以正常曝光

↓ 傍晚时的跑道

太阳光透过飞机尾翼的缝隙照射过来，在尾翼上形成一个形状。如果阳光没有被挡住，这个形状就会因过曝而看不见。在欠曝的情况下，前景中的棱角变成了一个明显的几何元素，让这张照片与其他日落照片相比，显得与众不同

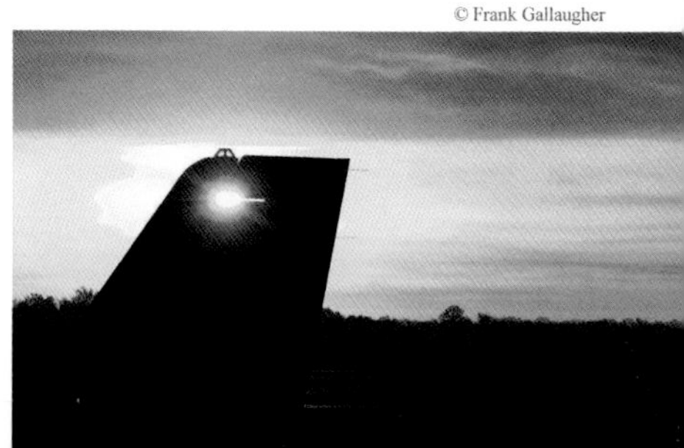

← **五边形光斑**

这张静物照借用了强烈的背光色彩，光斑形状是五边形的（由镜头内的光圈形状造成）。光斑给画面增加了图形和颜色，最特别的地方是它们在画面中央形成一条对角线

光斑

任何时候你朝着太阳拍摄，都会有过多的光线反射到镜头的内表面上，产生条纹和被称为“光斑”的伪影。光圈越大，出现光斑的概率越大。你可以用一个镜头遮光罩来遮住镜头边缘，防止光线以过大的角度照射到镜头前面。遮光罩通常由不反光材料制成。但是，没有哪款遮光罩是完美的，即使最好的也会受到直射阳光的一些影响。在后期处理中，能手动去掉一些小的光斑。

创意性地运用光斑

从技术上讲，光斑是个错误。但是，聪明地刻意运用光斑，可以制造出令人满意的效果。光斑可以为画面增添电影效果。难点是在拍摄前不太容易预知最终的效果，并且常常会导致画面过亮。一个有效的技巧是用手遮住镜头的一部分，调整手的位置，把注意力集中在你喜欢的地方，然后在打开快门前把手拿开。

↑ **合适的设备**

为了提高照片的质量，防止不必要的光斑出现，可以使用镜头罩，它还可以保护镜头前端的元件免受碰撞和刮擦

挑战：

拍摄头顶的太阳

在这个挑战中，你将直接把镜头对准太阳，但需要小心设置，以防出现过度曝光。最简单的方法是用一些东西挡住太阳。拍摄主体会显示为剪影，但场景的其余部分仍然保留有细节。测光模式取决于你的场景，但是你需要时时刻刻关注直方图，并随时准备好改变自动曝光读数。位置也很关键，提前观察会有所帮助；不过在太阳移动之前，你并没有太多时间准备。

光斑的影响

如果你将镜头对准太阳拍摄，很难避免多边形光斑的出现，但是反过来也可以利用这些光斑。请记住，它们从光源出发，沿一条直线延伸，所以将太阳定位在顶角，让光斑沿对角线分布。我们都已经习惯于看到光斑，不再把它当做是一个错误，而是一些能帮助表达情绪的东西——所以会在拍摄过程中人为添加光斑

→ **弥漫的雾气**

请注意，尽管它们看起来很相似，但这些辐射光束不是光斑，而是场景中的雾气，当太阳光穿过它时，它会捕捉到部分光线。通过用树干遮挡太阳的方法，可以拍摄到更多的光线，并且减少高光溢出

© Darko Novakovic

挑战清单

- → 如果你有一个镜头遮光罩可以用来限制光斑，它会帮助你在构图时看到画面效果。
- → 如果你在拍摄中完全无法避免光斑，那就放弃反抗，将光斑看作画面的构成元素之一，运用它、强化它。只要不让它影响画面中的其他重要元素就行。
- → 在每次拍摄后查看一下直方图，确保阴影和高光都没有溢出。

黄金光线

← 城市的反光

正面的金色光线呈现出丰富、饱和的色彩，这座位于纽约市的高层建筑的窗户反射出晴朗的天空

太阳正好在地平线以上但又低于20度角时，可以提供温暖的、金色的光线——色温一般在3500K ~4500K（见第66–68页）。低角度的太阳，会投射出长长的阴影。这种丰富的、饱和的颜色，可以创造出深受摄影师喜爱的视觉效果。事实上，黄金光线非常受欢迎，甚至有被过度使用的趋势；如果你的目的是创造独特的作品，它可能不是你的最佳选择。不过，这是你摄影技能中必不可少的一部分，也是获得令人难忘图像的一个最保险的选择。

因为我们每天这样看世界的时间很短，所以黄金光线会给画面营造一种转瞬即逝的气氛。在这种情况下，你必须加快动作，来捕捉这些持续时间只有一小时左右的光线。提前安排好你的拍摄位置和计划，确保你能把注意力集中在曝光上。

三个角度的选择

除了迷人的色调外，黄金光线深受摄影师喜爱的另一个原因是，在黄金光线下可以随意选择拍摄角度。只要太阳保持在低角度上，你就可以通过移动相机控制阳光照耀拍摄主体的方式。镜头冲着太阳拍摄可以创造逆光场景，产生剪影或边缘被照亮的效果。在逆光场景中，阴影占主要部分，所以几乎没有被直接照亮的区域可以提供任何局部对比度，从而导致细节的丢失。

如果你是顺光拍摄，就有充足的受光面，可以很自然地表现拍摄主体的色彩。不过，如果从这个角度拍摄，摄影师的影子会是一个麻烦，因为你的阴影会出现在场景中。如果是长焦拍摄，问题不大，但如果使用广角镜头，

← 巴黎的邮筒

这个特写镜头，采用了侧光拍摄，凸显了表面的纹理。横穿整个画面的阴影给照片增添了几何感

← 适当放大

由于没有明显的阴影，观众无法感知拍摄主体和环境的位置关系。就像这张照片，会让人感觉它在空间中漂浮着一样，特别适合鸟类的拍摄

↑ 老天寺

金色的光线传达着一种威严的感觉，非常适合用来拍摄建筑。在这张照片中，光没有覆盖整个建筑；阴影与周围的环境相呼应，有效地避免了照片缺乏特色的问题

你可能就需要采取一些办法了，或者重新构图，让阴影落在画面之外；或者让你的影子和其他元素（一棵大树或一栋建筑物）的阴影重叠在一起。另外，如果从目前的拍摄角度完全无法看见拍摄主体的影子，画面就会显得缺乏立体感，因为它不能给观赏者提供任何有关深度的参考。

除了逆光和顺光，你还可以选择侧光。光线从侧面照射时，可以通过长的、水平的阴影更有效地表现立体感。由此产生的高对比度也为表现物体表面的精细纹理创造了理想条件。

云彩和光线

截至目前，几乎我们所讨论的关于日光在摄影中作用的所有内容都忽略了一个主要因素：云。在一个万里无云的日子，你可以用之前讲到的规则和模式来准确预测光线的方向和强度。但是，如果有云朵飘浮在天空中，它就会变成一个极大的、会动的变量，让你不得不时刻保持警惕。

有时是好事，有时是祸根，云对光的作用通常有以下几种情况：阴天时，均匀的云层通常（不公平地）被认为是沉闷乏味的。这其中一部分原因是：人类的感知倾向于将明亮的光与自然美联系在一起。除此之外，阴天时，天空中没有任何点光源，就没有什么可以投射出明显的阴影，那么场景会因为没有细节而缺乏立体感。不过，云朵相当于一个巨大的柔光器，将阳光柔化并散开。这样形成的柔和光线意味着你几乎可以选择任何地方拍摄肖像照，而不用担心阴影或高对比度的问题。事实上，它意味着你没什么需要担心的，因为整个场景受到均匀的、一致的照明，不会随着时间的改变发生急剧变化。虽然颜色不会像直射光环境下那样鲜艳，但柔和的光线会使传感器更容易捕捉到细微的颜色变化。

用云层充当柔光板

从某些角度来讲，竖直向上延伸到高空中的（厚实且紧密的）高积云本身就可以充当光源，它们可以将太阳光反射到下面的景物上。大量的高积云可以填充阴影，补充曝光——特别是当太阳从反方向照射的时候，

← 饱和的天空

最好是通过有意的曝光不足来捕捉落日的鲜艳色彩，但是这会使地面上的物体变成剪影

比如上午或下午时分（再早或再晚一点儿，太阳的强度就已经变得较低，不会产生很大影响了）。即使光线不是很强，不足以填充阴影，至少它也能降低阴影处的色温，让它更接近周围环境中日光的色温，确保阴影不至于显得太蓝。分散的云朵在散射光线的过程中往往是不可预测的，这会增加摄影的难度，不过也正是它的不可预测性，让拍摄充满期待。当云朵分散在天空中不同的高度时，这种复杂性会进一步加强。例如，在一个有远山的场景中，可能会有一块厚重的云在远处，又有一些轻薄的云在近处。

↑ 若隐若现的云

除了可以将日光散射到下面的所有景物上外，像这样厚重的云也可以成为构图本身的一个主要部分

© Frank Gallaugher

↑积云

这些高积云将大量光线均匀地反射到下面的沼泽中，同时沼泽地也倒映出这些积云，增强了水波的纹理质感

分散的云

除了万里无云的晴天和阴云密布的阴天之外，还有一些时候天气是混合的，比如明朗的蓝天中飘着几朵形状、大小各不相同的云朵。厚实且紧密的云（被称为积云）会在它们飘过时，明显改变一个场景的光照情况。在一个室外的开放场景中，蓝天的反射光（色温10000K）通常会被强烈的太阳光（色温5200K）淹没，但是积云会通过阻挡和降低阳光的直射强度，立刻将色温降到大约6000K，既能保持蓝天的色调，又能保持前景的亮度。当然，这些厚实的云朵也会投下自己相当明显的影子，特别是当它们的高度较低时。如果将这些影子收入取景框，就会产生高对比度的曝光。

←突破

云朵可以对光线产生非常明显的影响。在这幅图中，强烈的边缘光给这些云镶上了一圈发光的金边；同时它们又将阳光变成辐射状的光束——这些光束在晴朗的天空中是看不到的

极端天气

← **不祥的对比**

阳光从两片云朵的间隙穿出，完全照亮了这家开普敦老酒店，与上面厚重而阴沉的风暴云形成强烈对比。几秒钟前或几秒钟后，整个场景就会显得单调乏味，无法通过对比来表现暴风雨的威力和强度

极端天气可能会给你的拍摄带来困难，但正是因为它的极端且不常见，也是个拍摄有视觉冲击力图像的好机会。你只需采取必要的预防措施，防止水、沙或其他情况，然后寻找独一无二的图像。

暴风雨

在雨天或雷雨天情况下，相机会默认照明条件与阴天基本相同，只是更暗一点。即使云朵又大又厚，也需要一个对比光源来表现它们的轮廓并使场景栩栩如生。太阳光穿透云层，变成一束强烈的直射光照亮景物，这发生在云层遮住太阳的短暂时刻中。你必须快速行动，抓住这一机会，因为暴风雨天气下，风会很快吹走云朵，这种时刻转瞬即逝。

接近地平线的乌云，因为巨大且层次多，可以与前景形成鲜明对比，所以可以拍出效果夸张的风景照。如果能成功捕捉到闪电，就可以为画面增添动态元素。但是，除非你够幸运，否则就需要用长快门来等待闪电的发生。幸运的是，乌云造成的阴沉黑暗让长曝光变得容易，前提是你使用稳定的三脚架。

↑ **空灵的清晨**

清早的雾在熹微的晨光照射下，营造出梦幻般的、好似仙境的场景。为了保证对拍摄主体清晰对焦，你必须靠近它们，如果用远射镜头从远距离拍摄，就会因空气中的大量水汽，很难获得清晰的影像

雾和水汽

厚重的雾让空气里充满了水蒸气，这些水分子可以散射光线，效果就像接近地表的漫射云。像大多数极端天气一样，这些情景的持续时间通常比较短暂——特别是雾气只会在晚上形成，会在早上太阳升起后很快散去。还好，你不需要太过担心曝光，因为这些场景中的对比度一般都比较低，很容易被传感器捕捉到。你甚至还有一些选择余地——以白雾为基准曝光，以表现它的光亮感；还是用较少的曝光表现阴郁感和神秘感。透过薄雾拍摄可以表现深度，物体越远，颜色越浅，细节越模糊。

雪

银装素裹的大地带来一副完美无暇的景象，并创造出一种独一无二的光线条件，这里每个物体表面都变成一个反光板。大量的白色迷惑着相机的测光系统，将雪的白色设定为中性灰色，并相应地对场景曝光。为了防止这种欠曝情况发生，需要增加1～2挡曝光补偿，同时也要时刻关注你的直方图，直到显示屏上场景的颜色表现正常。不过雪景也有好处，你不需要担心投射在模特脸上的阴影，可以在正午时分自由拍摄。

寒冷环境下的电池

极端天气会在一定程度上损坏你的设备，极端低温会缩短电池的供电时间。将备用电池放在你的夹克衫里，保持它的温暖，并且定期用它替换在用电池，可以有效延长电池的使用时间。

→ 无处藏身

通过正确的白平衡，一个白雪覆盖的场景对于表现鲜亮色彩和纹理是个不错的背景，比如这只欧洲红狐狸的皮毛。这只狐狸的每一面都被反射的阳光均匀地照亮了

白炽灯

任何由于受热而发光的东西都被称为白炽灯。火就是这种光里最典型的例子，火焰的暖色是它的标志色。如今，最常见的室内采光设备仍然是传统的白炽灯，但是蜡烛和汽灯已经被钨丝灯取代。典型的灯泡是一个密闭的玻璃泡里面有一根钨丝，在电流作用下，钨丝被加热，发出光。产生的橙色/黄色色温比较低（与视觉感受相反），处在色温谱的底端。

不过，这种产生光的方法效率极低，因为大量的能量被浪费在产生热能上。因此，为了完全照亮一个空间，需要大量的白炽灯光源，这意味着这些光源很可能出现在某个室内照的画面中。白炽灯产生的高动态范围意味着你必须拥有一双鉴别力强的眼睛，才能获得准确曝光，否则就会产生下面的情形：要么靠近光源的区域产生过曝现象；要么需要你给阴影补光。

← 装饰性的白炽灯

这家餐厅里的装饰屏风正把另一边几盏钨丝灯照过来的光线漫射开来。同样的颜色可能会显得不那么有趣，但同样的温暖会增加餐厅的舒适感和吸引力，让这幅画面勾起人们的回忆

© Frank Gallaugher

↑↗→ 三种颜色校正

表演者旋转的火焰发出典型的白炽光。左上图显示出如果曝光不正确，会产生严重偏色的结果。中图显示，自动白平衡几乎可以获得完美的色彩，但是画面会缺乏气氛和艺术感。右图显示，自定义白平衡可以获得恰到好处的效果，很好地表现出场景的氛围

白炽灯校正

在任何人造光照明场景中，必须时刻关注白平衡设置，以避免出现不想要的颜色。数码相机的白炽灯/钨丝灯白平衡预设色温通常是3200K，但这通常是针对专业摄影灯的数值。家用灯泡没有这么标准的色温，一只40瓦的钨丝灯要比100瓦的色温低，烛光的色温更低。为了完全消除橙色/黄色光的影响，你需要将拨盘转动到更低的白平衡设置，或者选择自定义白平衡。

不过，你可能会发现这种精确的调整是不必要的，甚至是不可取的，因为一个在精准的白平衡下，白炽灯场景往往会缺乏生气，有很重的人造感。我们的肉眼已经适应了白炽灯，并将其发出的橙色光与温暖、熟悉和舒适联系在一起。拍摄集体照时，它能营造一种亲密氛围；拍摄室内照时，能让画面更加吸引人。这种细腻的触感仍然是必不可少的。

荧光灯

荧光灯的发光效率要比钨丝灯大得多，它只需很少的能量就可以发出明亮的光。由于它们的高效性，工业和商业空间中多使用荧光灯，一些有节能意识的家庭也正逐渐开始使用它们。这对环境保护是个好事，但是对摄影师却是个不幸，因为荧光灯是不稳定的。而且，由于它完全没有自然感，我们已经习惯于将它和医院、商业空间联系起来。事实上，很难将荧光灯的色温纳入色温谱中，从早到晚的日光色温中都没有与之相近的。荧光灯不像白炽灯或日光那样有连续色谱，它的色谱中，蓝色和绿色处有明显高峰，红色处有间隙。人类的大脑在填补这些间隙方面做得很好，以至于认为它是正常的，但是传感器却很难做到这一点。也就是说，荧光灯还有很长的路要走。虽然，现在的制造商已经特别注意让它们的荧光粉发出更接近自然白昼的光，让它们的发光机制更平滑，避免因传统荧光灯闪烁引发的头疼。那些紧凑型荧光灯（CFL）之所以被称为紧凑型荧光灯，是因为它们的灯管被缠绕成螺旋形或环形，使其体积更小，能够与传统的钨丝灯罩相配。

↑ 日本的地下空间

公共空间通常使用荧光灯照明。在这样的场所，获得近乎完美的白平衡通常是不必要的，只要颜色偏差不太夸张就行

↓ 钨丝灯和荧光灯

下图左边是钨丝灯的持续光谱，它由所有颜色的光组成，这意味着它可以准确地照亮图像中的每一种颜色。相反，右边的荧光灯光谱是不连续的，在冷色调中有突出的尖峰，在暖色调时又很低。这也解释了为什么荧光灯如此不适合显示肤色（肤色主要由红色和黄色组成）

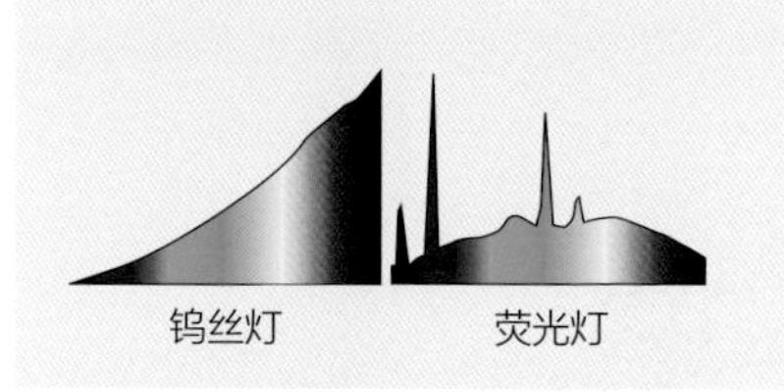

荧光灯校正

通常，修正荧光灯绿色调的首选工具是相应的白平衡预设（一般色温大约为4000K）。但即使你为了荧光灯特意选择了自定义白平衡，灯光色谱的间断仍然会导致一个场景在色彩精准度上有轻微的缺陷，而且这些缺陷是会被观赏者察觉的。还好，人们基本已经习惯在某些特定的场所看见荧光灯——他们的预期就是：这些地方的灯光就应该是这个样子。

现在，家庭住宅中一般会使用节能灯（紧凑型荧光灯）。不过，要注意的是，节能灯发出的冷色调光线会让人感觉缺乏生气和家的温暖。新一代相机通常有专门针对荧光灯的白平衡预设，多用荧光灯H表示，色温大约为4500K。考虑到荧光灯的不可预测性和不稳定性（光线颜色会随着电流改变），最安全的办法是使用自定义白平衡和灰卡，并用RAW格式拍摄，这样可以给后期处理留足调整空间。

↓↘→ 折中的办法

由于这个仓库顶部的灯是荧光灯，所以最初，相机拍摄出的照片呈现出令人不舒服的绿色调。在后期处理时，自动白平衡却又加入了过多的洋红色，让色调偏向了另一边。最后，通过自定义白平衡加入适量的蓝色，让整个画面达到最佳效果，很好地表现出了场景的工业感

© Frank Gallagher

蒸汽放电灯

↑ **用颜色表现科技**

这种充满科技感的显示屏就是由水银蒸汽灯作为背光源的。色调偏蓝的照片给人一种太空感和未来感，正好适合表现这个主题

在大型室外空间，比如：城市街道、公园、足球场等要求高强度照明的场所，钨丝灯或荧光灯的亮度不够，这时就需要使用蒸汽放电灯。因为这种灯在其密封管内的两个电极之间可以形成的强大的电弧，发出高强度的光。电弧形成时，管内的金属卤化物蒸发，产生发光等离子。光线的颜色取决于卤素种类。因为金属卤化物蒸发需要时间，所以这些灯刚打开时是一种颜色，过一会儿会逐渐变成另外一种颜色。

水银蒸汽灯

最常见的蒸汽放电灯是水银蒸汽灯，这种灯的光谱也不是连续的，这点与荧光灯很像。虽然用肉眼看它的灯光是冷白色调，但实际上，刚点亮时是偏绿色的，然后逐渐变成偏蓝色调。从色谱上看，蓝色和绿色的强度要比荧光灯更高，而且很难修正。

钠蒸汽灯

离子状态的钠发出的光一开始是橙色的，然后逐渐变成黄色，其他颜色都很少，所以，这种灯的颜色让你无法获得正确的白平衡。钠蒸汽灯多用于城市街道照明，所以晚上从飞机上看下去，城市呈现出黄色。

混合蒸汽灯

通过将不同的金属混合，这种灯会发出很自然的冷白色光。正是由于这个原因，摄影室通常选用这种灯作为高强度照明设备。体育场所也使用这种灯，因为在那里，摄影师需要靠混合蒸汽灯来获得正确的白平衡。

←↑大广场

布鲁塞尔大教堂的复杂建筑本应该获得更好的视觉效果，而不应受到钠蒸汽灯的色谱限制，只表现出黄色调（见左图）。当然，在拍摄的时候什么都做不了，但在后期制作时，黄色被隔离开，变成了更温暖、更华丽的色调（见上图）

蒸汽放电灯的颜色校正

除了混合蒸汽灯，要想从蒸汽放电灯那儿获得正确的颜色通常也是不可能的。你的相机上可能根本就没有一个针对这种灯的白平衡预设，所以你只能选择自定义白平衡并且用RAW格式拍摄。不过，当你遇到蒸汽放电灯，通常也不必非要获得完美的颜色。我们已经习惯于钠蒸汽灯下的街景是黄色调；工业场所是水银蒸汽灯发出的蓝绿色。

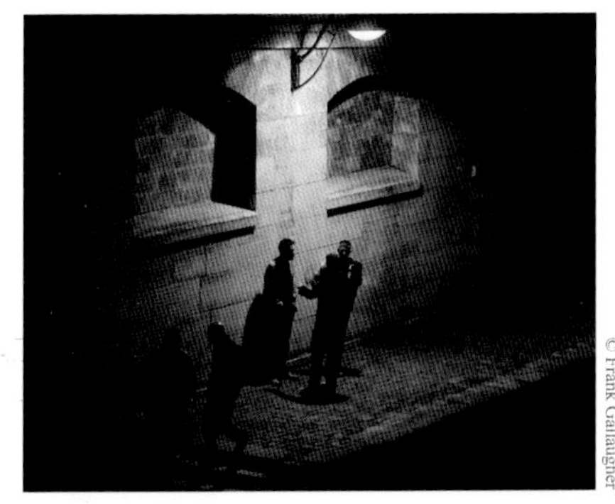

↑塞纳河上的景色

城市街道多使用钠蒸汽灯，它的光线通常是局部的，表现为分散的亮斑，可以作为不错的构图元素

混合光线

现实世界中，很少有场景只受单一光源的照射（除了白天的室外风景）。很多场景都受多种不同光源的影响，每一种光源都有其自身的色温和特点。一般来说，有三种方法可以解决混合光线的问题。最简单的方法是选择自动白平衡设置，让相机来决定场景的平均色温。由于光源的多样性，这种办法有时候效果不是很完美——灰色和白色会有一点儿偏差，但基本所有颜色都不会完全偏离目标。或者，你可以选择相反的途径，只针对某一种光源设置白平衡，让其他颜色随之变换。这种方法比较适合一种光源占主导，不准确的颜色不会分散注意力的情况。最后也是最优的选择是分别校正每种光源的颜色，这种方法只能在后期处理时使用。后期处理的选择很多，但最有效的方法是使用替换颜色工具（详见第300页）。你可以分别处理每种颜色的色调、饱和度、亮度，使其与场景协调，同时不影响其他颜色。

↙↓ 平衡窗户光

室内照需要表现出温馨的感觉，所以最初的白平衡设置选择了钨丝灯，不考虑从窗户射入的日光。但导致的结果就是，画面右侧的色谱偏蓝，分散观赏者的注意力。所以在后期处理时，专门降低蓝色的饱和度，将其变为中性白

→城市景观多样性

从写字楼透出的荧光灯、街道上的钨丝灯和蒸汽放电灯中都夹杂霓虹灯的光线—— 在城市里，所有的光都是这种混合的状态。这种光线的多样性正是它们如此上镜的原因，丰富的色彩表现出大都市的特点

城市光线

城市里的照明是最典型的混合照明。市政设施一般使用蒸汽放电灯，这就需要你能够准确而熟练地分析出到底用的是哪种灯。商业街上，通常能看到一排用钨丝灯照亮的商铺门脸；而霓虹灯在其他地方的使用占绝大多数。

↓拱廊内部

日光从布鲁塞尔皇家圣休伯特大礼堂巨大的玻璃屋顶穿过，和商店橱窗里透出的人造灯光混合在一起，营造出一个充满活力的、华丽的氛围

© Frank Gallaugher

商业空间

商场里的灯光，除了照明，还有更重要的作用，就是刺激消费者的购物欲，让他们多停留一会，或者让他们更快地移动，再或者是引导他们按照一个特定的路线前进。正是由于这个原因，现在的商业空间倾向于使用白炽灯、蒸汽放电灯和荧光灯的混合灯光来达到这个目的。值得庆幸的是，在灯光设计上的努力获得了不错的回报，混合光线营造出一个平静且微妙平衡的场景，很适合拍照。事实上，高端商场或展览馆一直在竭尽全力让他们的环境与昂贵的商品和服务相匹配，这同时也提供了丰富的拍摄主题。

安装在相机上的闪光灯

这里提到的闪光灯通常包括两种：一种是相机内置闪光灯；另一种是安装在相机热靴上的闪光灯。内置闪光灯的使用范围是非常有限的，几乎专为便携性和便利性而设计。它们只能照亮相机前方较短的距离，而且由于它们靠近镜头会产生很强的前照光——这种光对于很多拍摄主体都是不友好的，特别是肖像照。

外置闪光灯，克服了这些局限，同时添加了一些功能——虽然这些功能只适用于特定的相机型号。专业的外置闪光灯通常是很有效的，可以照亮比较远的距离，照亮比较大的角度。它们和镜头的距离也相对远一些，还能够上下左右旋转，以便于反射闪光。

闪光灯如何工作

闪光灯是由电源（通常是电池）、电容器和充气晶体管构成。当闪光灯被打开，电容器从电池中快速获取电量；当闪光灯被点亮，电荷被释放到管子里，产生一个短暂的电弧，发出“闪光”。闪光持续的时间非常短，所以，对于帘幕快门的相机在使用高速快门时，比如数码单反相机，就会产生麻烦。这种快门由依次穿过传感器的两个帘幕组成，第一个帘幕露出传感器，第二个帘幕（或者说“后帘”）再将其盖上。帘幕穿过传感器所需的时间远远低于快门速度，至少对于大多数图像所需的快门速度是这样的；所以在更高的快门速度下，后面的帘幕会在第一个帘幕还未彻底通过传感器前覆盖下来。这就意味着，一次只露出传感器的一小部分。如果闪光以如此高的快门速度发出灯光，只有两个帘幕之间的小块区域才能捕捉到闪光。由于这个原因，传感器能被完全曝光的最大快门速度就称为“相机的闪光同步速度”，这是闪光灯速度的上限（通常在1/180秒到1/300秒之间）。

为了克服这一限制，外置闪光灯通常具有一种称为高速同步的功能，在一次曝光过程中发出几次闪光。这样设计的依据是，传感器可以通过闪光的累加被全部照亮，每一次闪光照亮一部分感光区域。这个方法很有效，而且能在闪光时使用高速快门。但是，这也是有代价的：为了发射如此快速的连续闪光，每次闪光的强度都会降低，因此闪光的总功率会降低。不过这通常是可接受的，因为使用高速快门，通常代表有充足的光线。

→ **Speedlite闪光灯**

这款专业闪光灯的灯头可以上下左右随意旋转，大大提高了它的实用性。它的大功率也为较远的照射距离提供了保障

灯头

这部分可以上下左右旋转

锁定装置

将闪光灯固定在相机上

热靴座

闪光灯通过这里与相机连接

平方反比定律

光在强度上是逐渐增加或减少的，就像光的传播一样，这是一个常识。所以，如果你想要给场景增加光量，首先要精确地预测光量衰减的程度，这样才能确保拍摄主体的受光量合适。为了达到这个目的，摄影师会按照平方反比定律计算光量。平方反比定律的内容是：最终落在拍摄主体上的光强度与光源到拍摄主体间距离的平方成反比。这个公示看上去有点复杂，但其实很简单。

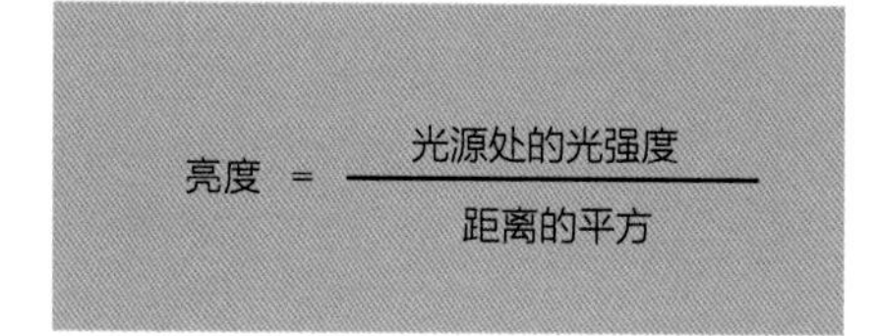

例如，你有两个同样大小的拍摄主体，其中一个到光源的距离是另一个的两倍，那么距离光源较远的那个拍摄主体受到的光线量是另一个的1/4。在光量方面：距离翻倍，光量减少两个挡位。

↑ 迷你柔光板

不可否认，相机内置闪光灯很便捷，如果再搭配使用一些简单的小配件，比如这种微型柔光板，就会更有用。这样既能防止红眼效应，又能柔化射出的光线，避免出现在脸前闪光导致的呆板感

红眼效应

当闪光灯的光线从人的视网膜上反弹时，就会产生众所周知的红眼效应，并且闪光灯越靠近镜头，产生红眼效应的可能性就越高。自动的解决办法是在主闪光亮起之前，进行一些预闪，让瞳孔缩小。这种减少红眼的功能通常既令人讨厌又具有破坏性，因为它会导致拍摄主体眯眼，还会让周围的人都知道你在拍照。

↓纯黑背景

虽然平方反比定律听上去是个比较复杂的数学公式，但实际上它的原理很简单，而且可以运用在很多方面，比如这幅图中，只用了能够照亮狗狗脸部的闪光灯亮度，让周边都不受光，制造出一个纯黑的背景

© Umiterdem

平衡环境光的闪光灯

安装在相机上的闪光灯最好用来补充环境光，而不是当做主要光源。例如，背光拍摄时，闪光灯可以弱化投射向相机的浓重阴影。这被称为填充光，因为你是将另外的光线“填充”到阴影里。这种情况下，你需要使用强制闪光或手动模式，因为这时环境中有充足光线，自动模式会认为没有打开闪光灯的必要。你想巧妙地平衡你的闪光与现有的光线条件，而不是压倒他们，闪光与日光的适当强度比例约为1:3或1:4。

反射光

在昏暗的室内，闪光灯是增强周围光线的一种简便方法。从本质上讲，室内装饰提供了丰富的、可利用的反光表面。通过调整闪光灯朝向天花板或墙壁的角度，可以让光线打到这些表面后再反射到拍摄主体上。反射的光线会比闪光灯直接射出的光线更好看，因为经过反射的光线更柔和。由于反射的光必须经过更长的距离才能落到拍摄主体，所以这时通常选择大功率专业闪光灯的全功率输出。另一个问题是光线的角度可能会导致拍摄主体上出现阴影，而你无法用闪光灯填充这些阴影，因为闪光灯正在被用来制造反射光。权宜之计是使用一张可弹起卡片——反光表面不要大于扑克牌。它附着在闪光灯的背面，将一些光线向前射出，同时仍允许大部分射出的光线用于反射。

↑ 室内的庆典

室内活动空间通常比较昏暗。还好，天花板可以充当一个巨型的反光板，将闪光灯发出的光线反射下来，形成柔和的、迷人的光

后帘同步

在使用慢高速快门时，焦平面快门的两个步骤影响着闪光灯的作用。你可以选择让闪光灯与第一或是第二个帘幕同步，这样闪光灯就可以在曝光开始或结束时亮起。拍摄静止的主体时，适合选用第一（前端）帘幕同步。但是如果画面中有移动的物体，特别是边缘清晰锐利的物体，在刚开始曝光时它的影像是清晰的，但会由于它的运动，出现模糊。解决办法是让闪光灯与后帘同步（第二个帘幕），在曝光结束时闪光。拍摄运动物体时，这种方法是理想的。因为闪光灯会捕捉到一个包含所有模糊影像，同时以清晰影像结束的画面。由此产生的运动模糊轨迹是非常具有视觉冲击力的。后帘同步不仅可以用来表现运动物体，还可以用来拍摄黑暗场景中相机附近的主体。后帘同步可以很好地表现场景或环境的氛围——这对于拍摄通常是必要的，而且可以避免黑色的背景出现分离感。需要多加练习才能掌握后帘同步的技巧，但掌握后得到的效果一定会让你满意。

© Adastra

↑ 运动轨迹
这张照片左边的模糊影像就是在没有闪光灯时拍摄的。在曝光快要结束时，闪光灯亮起，芭蕾舞演员瞬间被完全照亮，传感器捕捉到最后一点光线产生了清晰影像

→ 同步
这幅照片中，相机和拍摄主体（街道是背景）都在移动，但是画面中的女性以清晰的影像从这一切景物中脱颖而出——这就是后帘同步的标志性效果

影室闪光灯

安装在相机上的闪光灯可以处理大多数不理想的照明环境，而影室闪光灯则让你能从总体上控制照明灯光。但代价很明显：你需要一定的空间来放置闪光灯设备，还需要一些时间来测试和调整闪光灯的效果。但是对于这种最佳照明工具，没有替代品。

可以用相机上安装的闪光灯触发影室闪光灯，把影室闪光灯连接到三脚架或其他灯架上，通过相机控制它。高端数码相机可以在一定距离内同时控制多个影室闪光灯。通过相机液晶屏幕可以调整每个闪光灯的强度。当然，这只是个开始。专门的影室闪光灯有各种型号和尺寸，你可以根据拍摄需要选择合适的类型。

↓拍摄的工具

专业的摄影闪光灯功能齐全、强大、可靠。但也很贵

↑外加延伸杆

像这样的超级吊杆可以伸到拍摄主体上方高处，不用爬上梯子就能从上方照亮

↓ 支架

根据需要，将这些臂、支架和杆组装起来，可以获得构造复杂的支撑设备。然后，就可以把灯夹在任何需要它们的地方

↑ 绞盘

这个架子底部的轮子在位置上作了很大的调整。它被放置到合适位置后，就可以将轮子锁紧，防止架子移动

购买前试用

虽然专业摄影室设备的价格可能令人望而却步，但是你可以根据预算有选择地购买。一些工作室按小时或天出租照明设备，所以你可以用购买价格的零头试用设备。如果你刚开始建立摄影工作室，可以通过租赁体验哪种设备最有用，而不必立即购买。

照明支架

与所有摄影照明器材一样，影室闪光灯必须根据每次拍摄的需要放置到精准的位置。因为使用闪光灯时有一定的试错机会，所以就要求这些器材易于调整。为了达到易于调整的目的，适当的、稳定的支架是必不可少的。

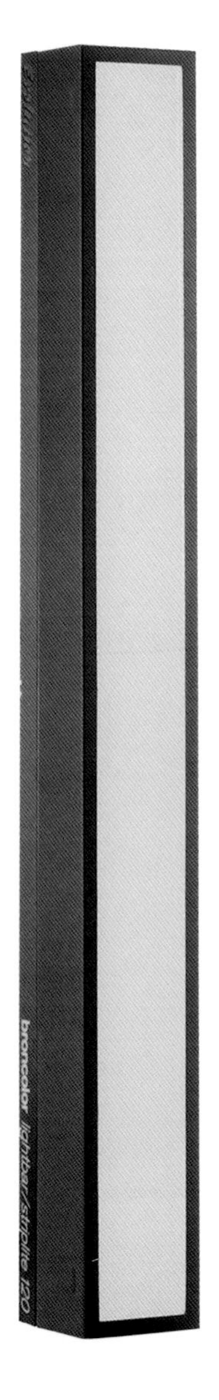

← **长条形灯**

这种灯非常适合照亮大面积背景。长条形灯在整个长度上产生非常均匀的光，通常在3英尺（1米）左右

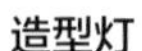

造型灯

计算和预览影室闪光灯的效果很困难，特别是当你同时使用多个闪光灯时，因为在拍摄之前看不到它们的光线。很明显，数码相机的即时查看功能在某种程度上减轻了这种麻烦，专业的影室闪光灯也具备提前预览效果的功能。有一种可以发出连续光的小型灯，被称为造型灯，通常嵌在影室闪光灯上，就在闪光灯管的旁边，当你设置拍摄数据时，它可以一直亮着。虽然它的亮度不能保证与闪光灯完全一致，但是对于判断闪光灯的照射角度和距离有很大帮助。

常用影室闪光灯

↓ **高功率闪灯**

在这种大功率闪灯中，通常会有内置的降温风扇。大功率闪灯可以照亮较远距离，也可以照亮较宽广的空间。在室外时，它们甚至可以对抗阳光，专门用来拍摄大型照片。不过，在一些小型场景比如微距摄影，大功率闪灯就没什么优势了

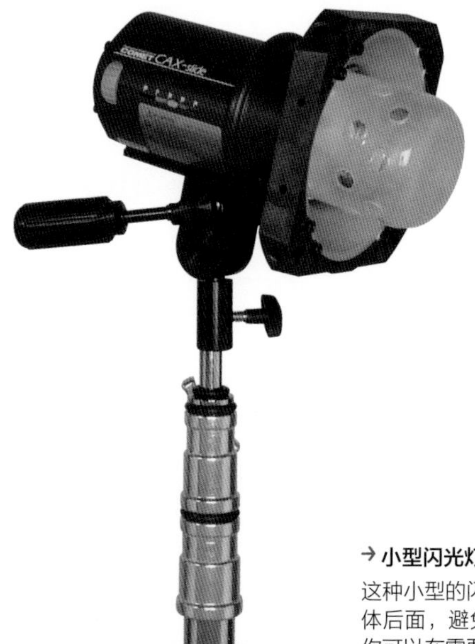

↑ **环状灯**

虽然从技术上讲，环状灯仍然属于安装在相机上的闪光灯，但是与其他相机闪灯不同的是，环状灯发出的光线几乎不会形成阴影，因为它的光线从环绕镜头的各个方向均匀射出。这种灯适合用于微距摄影和人像摄影

→ **小型闪光灯**

这种小型的闪光灯可以隐藏在物体后面，避免从画面上看到它。你可以在需要补充光线但是又不希望大型照明设备出现在画面中的地方使用它

持续照明设备

这种光源按照“所见即所得”原则工作。你可以实时观察它们的光照效果，分析是否把它们调整到了合适的位置。这样就避免了在摄影中不得不猜测光照效果的问题出现，也不需再用平方反比公式计算光强度，可以更精确和细致地设置拍摄数据。好莱坞已经广泛使用这一技术，因为很明显，一部连续的，每秒多帧的电影不能用闪光灯来照明。

与闪光灯相比，使用持续照明设备是一个更令人满意的经历。因为它一直照亮着摄影棚，光线呈现出有形的性质。它就像一个定位点。另外，你可以从各个角度观察它的效果，还可以边调整设置边观察，不像闪光灯只能在拍摄完成后从液晶显示屏上才能看到效果。

提到持续照明设备，就不得不涉及前面章节中讨论过的人造光源，因为这些灯是白炽灯（第130页）、荧光灯（第132页）或蒸汽放电灯（第134页）。唯一的区别就是，摄影棚里的持续照明设备是专门为摄影而设计的，它们的色温是特殊的、适于拍照的。

↑ **LED灯板**

与其他光源需要辅助凝胶来改变光线并使其与环境色温相匹配不同，LED灯板可以通过简单调整就能匹配环境光，无需任何修改

LED（发光二极管）

虽然，相对来讲LED属于新产品，但是它们正在逐渐成为摄影业人工照明的主导。很大程度上是由于其广泛的适用性：从大功率影室闪光灯到可以安装在相机热靴上的便携闪光灯……用的都是LED灯。它们既节能，又可以与现有配件兼容。最重要的是，可以根据需要，对它的色温进行调节。

白炽灯

简单、耐用——这是影室白炽灯的特点。它的连续光谱意味着可以通过滤镜将它与其他光源平衡，也很容易通过配件将它变成柔和的散射光或者聚焦的光束。不过，这种灯确实有一个明显或者说是危险的缺点：发热。表面上看，这只是有点不方便。事实上，这会让模特汗流浃背，化好的妆会花，在摄影棚里待上一整天会让人很不舒服。而且，它们的热量会让白色表面，比如墙体逐渐变成焦黄色。如果不格外小心，过热的温度甚至可能烧坏它们上面的附件。为了避免以上状况发生，如果您计划使用大量的白炽灯，就要格外注意安全。

金属囟化物灯

摄影专用蒸汽放电灯用碘化汞充当金属盐，产生干净、纯洁的白色光。这种光可以很好地与环境中的日光相平衡——所以这些灯通常被称为日光灯。在室外日光环境下，这种灯很有效，而且你不需要担心它的散热问题。不过，由于工艺问题，这种灯比较笨重，而且价格昂贵。

荧光灯

如果设计时考虑到摄影，荧光灯上就需要增加涂层，以确保它可以投射出色温精准、易被捕获的光线。它的长管子也适用于均匀照亮大面积区域——常用于静物摄影和产品摄影。为了扩大扩散范围，可以在灯前放置一个凹面反光板，它可以进一步扩散光线。不过，荧光灯的缺点是不太容易形成聚集的直射光线。虽然荧光灯比白炽灯更节能，但是它们在前期购买的费用上要比白炽灯高，替换时也要花更多钱。荧光灯不会产生大量热能，所以不用太过担心烧坏设备和火灾问题。

照明配件

↑ **反光罩的几种形状**

不同的反光罩决定了光线照射到拍摄主体上的不同角度

摄影棚的照明设备中，不论是闪光灯还是持续照明灯，都只是布光的基础设备。在这些光源和拍摄主体中间，可以通过放置各种各样的配件来控制光线。在第114页，我们曾讨论过用反光板来反射自然光填充阴影。在摄影棚里，也可以这样运用大型的平面反光板。不过，一般影棚的墙壁、天花板、地面都被涂刷成白色，它们本身就可以起到反光板的作用。在摄影棚里，反光板一般另作他用，用来提高光线的精准控制度。

反光伞

反光伞一般用于人像摄影，反光原理与我们在第142页讲过的一样。灯背向拍摄主体，灯光打向拍摄主体的反方向，射到反光伞内部再反射到拍摄主体上。反光伞可以扩大光线照射的范围，柔化光线。反射出的光线质量取决于反光伞内部的涂层材质——银色涂层反射力最强，金色涂层反射出暖色光，白色涂层的柔光效果最强。柔光伞就像雨伞一样，可以收起，便于携带和存放。

← 这不是把雨伞

反光伞可以非常有效地形成柔和的光线。而且，由于它可以充分地漫射光线，所以不用像其他点光源必须放在精确的位置上。但它们需要安装在三脚架上

↑ 雷达罩

雷达罩与其他反光罩有一点儿不同，它允许光源靠近或远离罩子中心，灯光的质量会随着位置的变化而变化

反光罩

反光罩直接安装在连续照明灯上，从光源处反射光线，防止它从罩子边缘溢出，并以一个确定的角度射出光线（通常称为“控制光线溢出”）。反光罩内部的材质、颜色会直接影响光线强度——银色形成强烈的硬质光；磨砂白会柔化光线。

柔光箱

这些附件将从单一点光源发出的光捕获到有限的反射空间中，然后让光线从一个确定的表面照射出去。柔光箱可大可小，小型的就像家用落地灯那样；大的会很大，变成主光源，就像一扇透出强烈而柔和光线的窗户一样。

↑ 柔光箱的尺寸

箱体深度会影响光线射出的角度，箱体越深投射出的光线就越集中，照射范围越窄。虽然这些设备看上去又大又笨重，其实它们很轻，而且易于折叠收纳

蒙在箱体前面的材质也有许多种，当光线照射在拍摄主体上时，不同的材质会给光线赋予不同的特征或纹理。

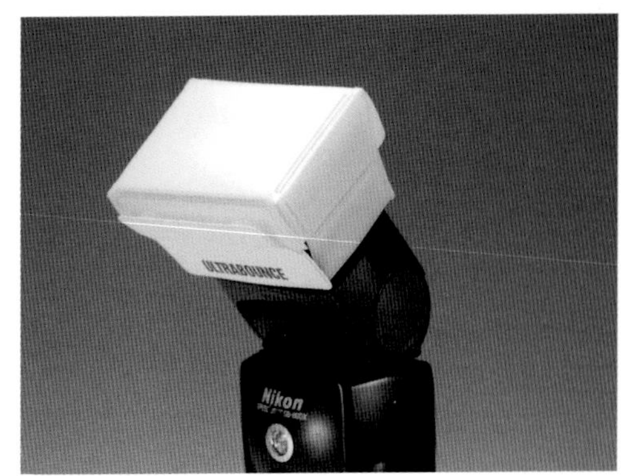

↑ **越大越好**

如你所愿，柔光罩越大，对光线的柔化效果越好，越能有效地发散出均匀、漂亮的光线

闪光灯外接柔光罩

作为记者必不可少的设备，这些便携附件安装在外接闪光灯上，可以柔化闪光灯发出的方向单一的硬质光。它们还可以让闪光灯旋转，所以可以配合反射光一起使用。它们有各种各样的形状和尺寸，最常用的是超大号的，但是由于它体积太大，在狭小空间里使用时会受限。

聚光筒

这个看起来很有趣的设备有一个有趣的英文名——“snoot”（意为“鼻子”），聚光筒可以将光源转换为点光源，让光线通过漏斗形的罩子后变成一束光。

© LumiQuest

↑ **缩小光线范围**

聚光筒通常安装在闪光灯上，不过也可以安装在持续光源上。这款聚光筒可以伸缩，让你能在不用重新调整闪光灯位置的前提下，控制光束的焦点

家庭影棚

© Secret Side – Fotolia

↑ 一个典型的影棚

你可能会感到吃惊，难道真的可以模仿并建起一个价值上万美元的大型专业影棚么。例如，这个影棚真的是非常简单：只有白色的墙壁和一些柔光箱。用白色床单替代白色的影棚内壁，并把它放在靠近北窗户的位置（在白天，可以获得最佳的均匀光线），就可以了

要想建起一个专业摄影棚，很费钱，因为每个影棚是根据它们的拍摄任务而设计的，在这个过程中是不遗余力的。但是在家中搭建一个小型影棚不需要这么麻烦，也不会贵得让人望而却步。完全有可能根据预算建起一个多功能的摄影棚，你可以把它作为很棒的摄影试验基地。

保持简单

设计影棚时，很容易在设备和设置的众多选择中迷失，不知该选什么。但是当你设计自己的家庭影棚时，千万不要忘了最重要的事情：控制光线。影棚的作用就是控制光线，形成各种具有创造性的效果。窗户很适合自然光，不过也可以用黑色窗帘来控制自然光的影响。任何有颜色的表面都会在反射光线的过程中，影响光线颜色。所以，如果你不想搞大工程来涂刷所有墙壁，那么白色床单必不可少——只要确保床单平整，没有褶皱，没有会影响画面的阴影即可。头顶上方的光源对于拍摄很有用，但是要确保，即使它关闭，亮度也足够。最后，密切关注可能存在的任何其他变量，比如：吊扇吹出的微风，虽然它与光线无关，但是它可能会对精致的静物产生细微的干扰，也可能会产生运动模糊。

临时设备

在你为了购买高挡器材花光所有积蓄之前，动手自己装配一个影棚会是个很有价值的体验。家用钨丝灯可以当做持续照明白炽灯，灯上可以配备不同强度的各种灯泡。如果你在使用多功能灯，要确保灯泡与灯的型号相匹配。床单可以当做背景，而明信片可以充当反光板——特别是当你用铝箔包住一侧时。不妨用你手边的各种东西试验一下，看看有什么能充当摄影器材。当然，安全是第一位的。不要让任何动西太过靠近灯；如果某样物品开始过热，那就切断电源，让它冷却下来。

设备

当你已经尝试了足够多的临时设备，并准备好购买你自己的设备，要从小件买起，而且要确定你会充分利用每件设备。如果你可以包容摄影闪光过程中的细微差别和麻烦的计算，那么从小型外置闪光设备开始买起，会是个不错的选择。一方面，即使在室外也有它们的用武之地，因为它们可以安装在相机上，走到哪儿带到哪儿。另一方面，现在很多数码相机显示屏已经是个多功能控制面板，让你可以通过红外线或者无线电控制多个闪光灯。当然，你仍需要的是高品质的三脚架（用来固定闪光灯），还有一些柔光设备。

不过，如果你计划将自己的家庭影棚建成专业摄影场地，就需要更进一步，开始购买专业的持续照明设备了。和大多数事情一样，你付出就会有收获。某些型号的灯可以符合你的预算。一开始，最好购买两盏灯，它们可以提供较大的亮度范围，让你有较大的曝光调整空间。你还需要找一种方法来柔化光线，所以至少需要购买一个柔光箱或反光伞，让你可以获得拍摄主体所需的任何柔和光线。

黑箔纸也是一种价格低廉且用途广泛的工具。你可以使用它来控制光线传播的方向。黑箔纸由完全不反光的材料制作而成，类似于铝箔，也可以随意揉搓、易于变形。如果将它卷成桶装，套在闪光灯上，就可以充当束光筒。如果在连续照明灯的四周分别贴上黑箔纸，就可以充当遮光筒。黑箔纸还适合用来充当背景纸，因为它不会反射光线，你不用担心有多余的反射光干扰画面。

↙↓ 静物的拍摄设置

在你的影棚建成之初，从拍摄静物开始入手是个明智的选择，因为没有生命的物体要比盛装打扮的模特更有耐心。从图中可以看到拍摄的布光方式：很简单，在小雕像的左上方放置一个大柔光箱，在右边放置一个小反射卡，就已达到光线的平衡

→ 成品

再经过一些后期处理，这幅作品就算完成了。它可以被列入任何艺术品目录

确定灯的位置

在完全了解各种不同的摄影灯之后，你可以开始考虑如何在拍摄中运用它们了。不要再局限于单一光源（无论是内置闪光灯还是天空中的太阳），你必须综合地考虑布光，既要考虑光照角度，也要考虑光照强度。

参考下一页的示意图，你可以随意设想各种布光方式。关键是创造最符合你想要的布光效果。你是想用强烈的侧面光强调纹理、增加夸张效果？还是想通过漫射的正面光和背光的共同作用来完全消除阴影，让你的拍摄主体看上去像是漂浮在半空中？虽然不断地尝试是掌握技术的基础，而且可以带来许多乐趣，但是如果你想要达到更高的水平，就要节约时间，通过计算获得适当的方法，达到想要的效果。

正面光

在内置闪光灯的章节中我们讨论过，这是最不讨好的拍摄角度，主要是因为从这个角度打的光，会缺乏阴影，导致我们的眼睛看不到关于深度的参照物，让画面没有立体感，让拍摄主体看上去呆板、沉闷。不过，如果与二级或三级辅助光联合在一起，正面光就立刻变得很有价值。它明显的方向性使它很容易调整，易于平衡其他灯光。

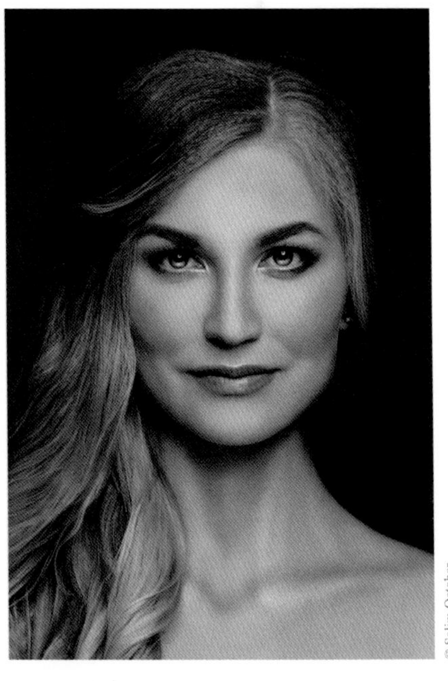

↑ **典型的肖像布光**

这幅肖像照用的是3/4布光法：主光源位于正面稍微偏右的位置（你可以从眼睛的反光中看出），在另一侧再放置一个灯用于平衡主光源的光线，然后在相机下方放置一块反光板用于给模特下巴区域补光

3/4布光法

3/4布光是最常用的布光方法，主光源位于相机上方稍微偏向一侧的位置。从这个角度，灯光可以在表现立体感的同时，又不会

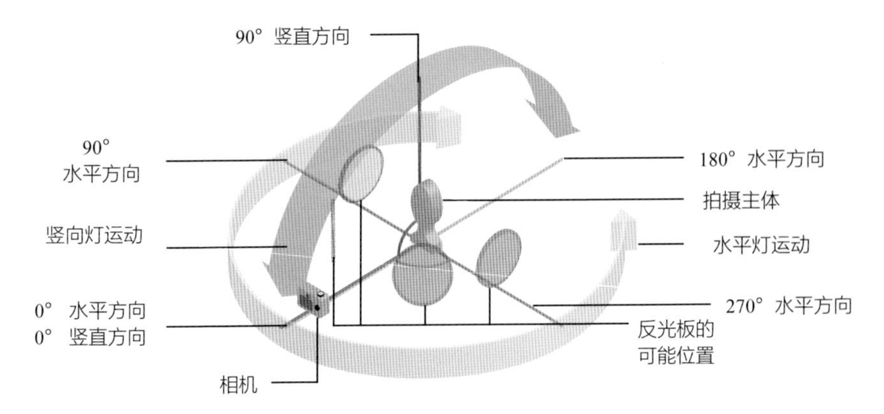

↑ **环绕布光**

在你给拍摄主体布光时，这个图可以帮助你设想各种可能的布光方式（这里，用一个头部和肩部的模型代表拍摄主体）。记住，当你沿着图上的竖直和水平弧线移动灯光的时候，实际上也可以同时靠近或远离拍摄主体，其光线输出量遵循平方反比定律（见第140页）。你可以把这张图记在脑海中，当你在室外拍摄时，把蓝色的竖直弧线想象成太阳穿过天空的路径，黄色的水平弧线是相机的移动路径。当然，在影棚里，蓝色的弧线也会出现在拍摄主体的下面

产生太过明显的阴影。在这个基础上，你可以在相机侧面3/4角度的位置增加第二盏灯，然后调整每盏灯的强度，来获得微妙的平衡。最后在拍摄主体前方的下面增加一块反光板，将两个光源的光线反射回拍摄主体上，淡化任何不想要的阴影。

直角光

光线从侧面垂直照射拍摄主体，投射出横贯半个画面的阴影，只有在前方放置一盏更亮的灯来才能弱化它产生的阴影。这种布光适合用来表现纹理，但是肖像照中很少运用，因为它会分散注意力。

背光

单独使用背光会形成剪影效果或者边缘光。但是，如果配合正面光，背光就可以更好地表现拍摄主体的轮廓，特别适合用来强调轮廓。

挑战：

人像布光

你可能曾拍摄过肖像照。在拍摄肖像照的过程中，必然会面对一个挑战，那就是——设置和控制光线。这不是说你必须建立一个工作室，使用多个光源。你可能想要使用柔和的窗户光，来让你的拍摄主体看上去很自然。关键是要思考光线对肖像的影响，然后将灯光放置在合适的位置，保证拍摄出的画面足够有吸引力。

↓ **布光**

没有正面闪光灯的话，这张照片就是背光照，拍摄主体会处在阴影中。但是，使用离机闪光灯，设置为后帘同步，就可以延长快门时间（更好地捕捉落日景色），同时也能在曝光的最后一瞬捕捉到模特的容貌

在人像摄影中，安排灯光的位置和安排模特的位置一样重要。事实上，一盏灯是正面光还是3/4光并不是固定的，只要模特转动身体，灯相对于模特的位置就会改变

挑战清单

→ 首先，你需要一名模特。如果幸运的话，你可以找到一名有充足耐心等你不断调整和尝试不同布光的模特。

→ 在你拍摄时，让你的模特感觉舒适和放松。对话可以让他们放松。模特在放松状态下的表现通常比紧张时要好。

→ 虽然，人像摄影中一般使用漫射光，但是如果你想尝试一下有戏剧性的夸张光线，比如：强烈的侧光，那就跟随创造性的本能，努力去试试吧。

柔和的光线

不论是透过云层的阳光，还是从反光伞反射出去的光线，亦或是均匀照亮室内空间的白炽灯，柔和光线的特点都是缺少明显的方向性、均匀照亮物体。事实上，柔和光线在几乎看不到的时候最有效——也就是说，当光线本身不构成画面构图的基本要素时，它的效果最好。光线通常是从点光源发出的，这意味着光从一个点向外辐射。因为光沿直线传播，所以当光线落在拍摄主体上时，就可以明显看出光的照射方向，阴影也会朝向同一个角度，观众就能看出光源的方向。柔和光线可以有效减少这种明显性，让光线看上去好像来自于四面八方。

↑ **柔光下的特写镜头**
没有明显的阴影，就不会明显感受到光源的方向性，这束花看上去似乎很容易飘起来，人们可以想象它们在画面外无休止地延伸

在光源和拍摄主体中间放置一个半透明材质（一个柔光设备），它可以改变光的直射方向。一束直射光通过柔光设备会变成向不同方向漫射的光线，一些光会照到拍摄主体的侧脸上，而另一些会从不同的角度照亮另一边的侧脸。这些光线可以照亮每个角落，淡化每个阴影，让拍摄主体均匀受光。反光板，则以另一种方式达到同样的效果——将光线反射到原本是阴影的区域里。

同样值得注意的是，在曝光方面，柔光更易于曝光——如果光线的设置适合于整个场景。从本质上讲，这种光线的对比度很低，意味着在高光和阴影之间有大量的操作空间。要记得确保中间色调落在直方图的中间。不过你不需要太过担心动态范围，柔光环境下，动态范围很少会超过传感器的能力范围。

用柔光线拍摄人像

当你回忆某张面孔，你是在回顾它的形状、五官的位置、肤色……你头脑中的画面并不包括眼睛下方的阴影或者前额上的一束光线。因为这些元素不是脸本身固有的一部分。一般来讲，大多数肖像照都尽力寻求对拍摄主体的理想化描绘，所以会希望他们的面部能更好地凸显他们的特点。你不会让一个会分散观众注意力的阴影遮住他们的半个侧脸，就像你不会让他们戴着滑雪面罩拍照一样。这一切都是为了用尽可能好的光线来表现拍摄主体，对于肖像来说，好的光线就是柔和的光线。

由于漫射光可以照到角落，也不会有明显的边缘，所以柔光可以淡化皱纹，让拍摄主体看上去更年轻。你必须将灯放置在合适的位置，并以适当的方式漫射出去，让拍摄主体的眼窝和脸上其他部分一样亮，确保他们的脖子和胸部不会有下巴的投影。

↑ 简单的柔光箱设置

这张经典的半身肖像照，受到来自右边柔光箱的光线照射，只能通过模特左脸上的微弱阴影勉强判断出光线的方向。这些阴影恰到好处，既能够给画面增添一些立体感，又不至于遮住脸部或者分散注意力

包围光

柔光最极致的表现形态就是完全环绕着拍摄主体，让拍摄主体完全沐浴在漫射光中，每个角落和缝隙都可以被漫射光照射到，所有的阴影都被淡化。包围光就是柔光的极端表现，不过它作为一种特殊形式，不一定适合所有拍摄主体。你也许会认为：柔光适合拍摄肖像照，那么大量的柔光完全包围着拍摄主体会有更好的效果。其实不然，过多的柔光反而会让拍摄主体缺乏真实感。记住，在自然环境中，很少有包围光，所以你的眼睛会认为这是不自然的。

也就是说，在很多情况下，包围光有益于拍摄主体，当处理特殊的光线问题时，它是个有用的工具。例如，当你拍摄一个反光性强的物体时，可能无法避免影棚里的摄影器材倒映在物体表面上。所以，包围光通常用于拍摄静物和特写照。

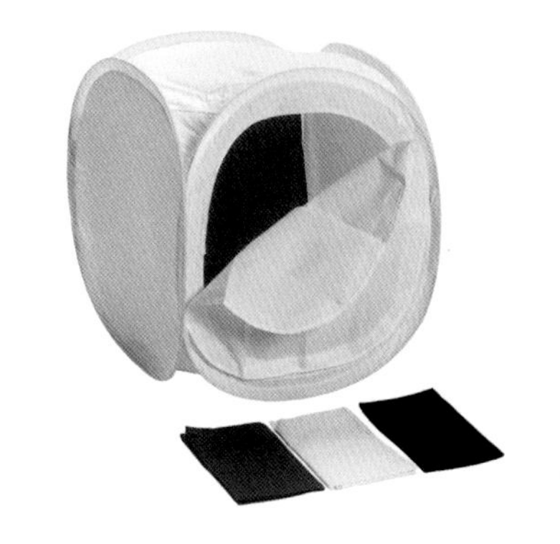

↑ **自制亮棚**

亮棚的定义并不严格，任何可以完全柔化光线并在其内部放置拍摄物的设备都可以被称为亮棚。上图是一个便携亮棚，其作用是创造性地运用光线，可以折叠，便于携带到户外，而且可以更换背景。背景也是半透明材质，有多种颜色可供选择，可以用尼龙粘扣贴在亮棚内部

用柔光从全方位包围拍摄主体的最简单方法是使用亮棚。这个设备很简单，是用可以漫射光线的柔软材质（通常是白色的，不过也可以是其他任何半透明材质）做成棚状，将拍摄主体放在其内部。亮棚可以将任何从棚外摄入的光线变成漫射光，所以你可以使用点光源，而且可以绕着亮棚随意移动光源。不过光源不能紧挨着亮棚，必须放在离亮棚有一定距离的地方，否则会在棚上出现明显的亮点。当然，也不能离亮棚太远，要保证有足够的亮光照进棚内。这对于微距拍摄和特写拍摄尤为重要，这种拍摄中有时为了获得更大的景深会使用小光圈，这时就需要更多光线来保证曝光。一旦光进入棚内，被散

射开来，就会在内部的表面间不断反射，进一步增进光线的散射程度，让光线更加均匀地照射在棚内的拍摄主体上。

亮棚也可以放在室外，用来柔化强烈的太阳光。这种方法特别适合用于拍摄小昆虫或花朵。通过用人造材料把它们包围起来，将它们与环境隔离，但是可以让人回忆起它们在自然画册上的照片，那在白色背景下展现出的自然、干净的形象。在野外，亮棚还可以用于拍摄那些无法搬进影棚里的拍摄主体，例如：花园主人一定不需要你摘走他珍贵的兰花；你也不能偷走野生动物。

临时的亮棚就足够了，你只需一块干净的白色床单，一个用来支撑床单的架子。将床单挂在拍摄主体四周，把相机伸进床单相接的缝隙。不过，为了达到最佳效果，不要使用纹理明显的材质，所以最好使用专用的亮棚。它们有各种尺寸，而且可以折叠，便于携带。

↓ 宝石

这些宝石散落在白色的天鹅绒背景上，摄影师从上方拍摄，通过画面中的漫射光，可以隐约看出光线来自于左上方，但是由于光线比较柔和，所以只能隐约感受到光源的位置。厚密的天鹅绒可以柔化并吸收大部分阴影

→ 没有反光

如果不是用完全的漫射光来照射这些金属条，周围的摄影器材就会在它们身上留下倒影。所以，在亮棚底部使用黑色的背景会比较好

硬质光线

不同于柔光不会产生明显的光影效果，硬光会在画面中形成明显的可见光。无论是它在一个物体上的投影，还是它本身成为一个构图要素，都强烈显示出光线的存在。

通常，硬光的出现可以说明在光源和拍摄主体之间没有遮挡物，也就是说没有云朵、没有柔光屏、没有反光表面……光线以明确的角度照射在拍摄主体上，从与光线同一方向的阴影就可以判断出来。很明显，硬光对拍摄主体的依赖和对光源本身的依赖程度是一样的，如果拍摄主体没有清晰的轮廓或者边缘，就不会出现明显的阴影，进而无法判断光线的方向。

硬光会增加照片的对比度。画面中的某些区域被照亮，某些区域落入浓重的阴影里。

在硬光环境下拍摄，最重要的是仔细计算合适的曝光，因为硬光带来的高动态范围意味着你必须时刻关注直方图，以保证传感器可以捕捉到所有区域的细节，不论高光还

→ 乔治式光线

建筑通常适合在硬光环境下拍摄，因为硬光可以凸显建筑结构。例如，在硬光的照射下，随着图片上的建筑向左上角延伸，倾斜的阴影凸显出这栋建筑如同马戏团看台的圆形结构

← 形状、线条和阴影

观赏这张图片时，你的目光会首先被设计元素所吸引：明显的对角线、竖直线和对称的倒影。在后期处理中，又通过增加对比和清晰度，进一步强调了这些元素。场景中的物体反而是在这之后才会被观众注意到

是阴影。另一方面，你可以创造性地强化对比度，让阴影或高光处（或者两者皆有）的细节完全丢失。我们将在下面的文章中介绍这种明暗对比的方法。

最后，硬光不仅能给我们提供更多关于光源方向的线索，它还会反映时间和地理位置。我曾在第120-121页介绍过黄金光线的优点。不论你是否已经领会，都要会根据阴影分辨拍摄时间是发生在清早或傍晚，还是发生在中午。

图案设计

硬光会产生清晰的边缘，凸显和强调形状，所以你可以利用这一特性来强调造型和设计。也就是说将关注点从拍摄主体本身的准确再现转移到线条、形状、对比、颜色等方面。构图几何优先于拍摄主体本身，这会让你的摄影作品更加具有吸引力和活力。

这种形式要求摄影师重新解构场景，把场景分解成由不同要素构成的几个部分。当光束穿过场景中的构造物时，普通人可能只能看到摩天大楼的侧面，但图案设计师可以看出一排重复的正方形、向下倾斜的对角线、墙壁上像个符号一样的，向内凹进的窗户。长焦镜头更适合拍摄这类照片，因为它们可以将每个独特的要素与它们周围的环境分离开来。这种看世界的方式会让人着迷，虽然不一定适合所有的拍摄主体，但它给你一个

机会，给平凡的事物注入生命力和活力。

有图案的镜头挡光板

你可以使用一种被称为“挡光板”的模板给光线增加几何图形或纹理。它的英文名是“gobo”，是“镜片之前”(“goes before optics”)的英文缩写，有时人们也称之为“饼干”或“旗子”。这些有图案的挡光板可以在拍摄主体上投射图案的阴影。你可以认为百叶窗在投射的重复线条图形属于一种“gobo”效果。挡光板可以创造明显的图案设计元素，光线投射出的阴影本身就成了一个物体。挡光板还可以给光线增加纹理，在画面中增添或减少曲线。

↙ 纹理设计
下图中是一些有着不同图案的挡光板样本。它们的尺寸大小不一，既可以与闪光灯头的大小相同，便于安装在闪光灯前；也可以与窗户一样大

↘ 融合的光
这里使用了两个挡光板：窗框投射出浓重的、贯穿画面对角线的光线；玻璃上的图案则形成波浪状的富有流动感的图案

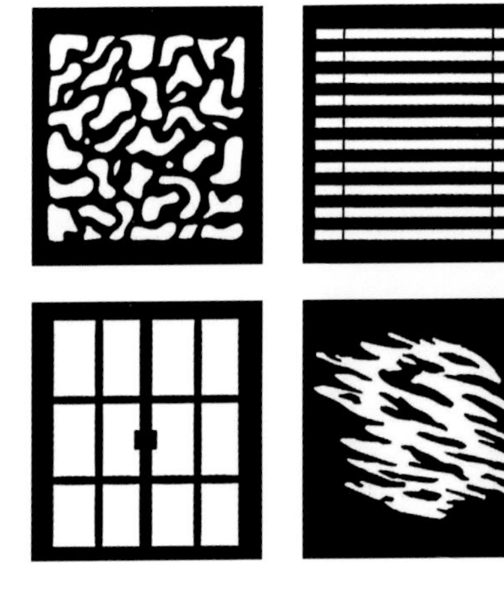

明暗对比

← 展示阴影

明暗布光特别适合用在黑白摄影中，观众的注意力会完全集中在从亮到暗的微妙渐变上，不会受到色彩的干扰

“Chiaroscuro”（明暗对比）这个好听的词来自意大利语，用来描述一种美丽的光线风格。这是文艺复兴时期出现的艺术术语，由画家卡拉瓦乔首创。在这种风格中，不是通过勾勒边缘来创建形状，而是通过使用光线和阴影的细微渐变来创建形状。由于它具有高对比度，所以属于硬光类型。单一的点光源照在拍摄主体上，形成边缘清晰锐利的图形阴影。

在某种程度上，明暗对比是硬光和柔光之间的平衡。光线必须足够硬，才能够投射出浓重的阴影，形成黑色的图案。但它又必须足够柔和，从高光逐渐过渡到阴影，才能确保拍摄主体的边缘和轮廓清晰。

情绪和戏剧感与明暗对比是分不开的。单一的静物，例如：一个放在桌子上的水果，背景是黑色的，使用侧光，就会营造出永恒感和油画感。而且，这种形式还能营造恐怖和神秘的气氛，因为大脑会被迫去猜想，在构成作品很大一部分的深重阴影中到底隐藏着什么。参考黑白电影的典型照明方式，例如：用持续的明暗光线来烘托犯罪剧的紧张和异常气氛；用半明半暗的外形显示角色的心怀不轨和不可信；用横贯房间的长阴影暗示罪行和秘密。

明暗对比的布光方式

在影棚里，明暗布光很容易实现。相较于其他使用大量漫射光的布光方式，明暗布光可以提高对比度，加深阴影。

最简单的布置方法是，让拍摄主体站在黑色的背景前，从3/4角度用带有柔光配件的点光源打光。光线会从不同距离照到背景上，创造一个从亮到暗的渐变，让你的拍摄主体更为突出。

你可以根据自己想要达到的效果对背景的角度做一些调整，可以转动背景，改变它与相机的角度，加长或缩短背景上的渐变。

考虑到对比度的丰富性，在明暗对比布光下，测光可能比较麻烦。用点测光模式对着高光部分进行测光是最简单的方法。这通常能在传感器动态范围内最大程度捕获细节，有利于在后期处理时进一步调整高光和阴影。试着先在阴影处进行点测光，然后在高光区域进行点测光，最后根据相机测算出的曝光读数在这两个极端之间找到一个合适的值。

↓从阴影中凸显

为了能在影棚之外也使用明暗布光，要有一双善于发现的眼睛，学会在黑暗环境中寻找点光源。这个画面中，画家正在点光源的照射下画画。用点测光模式对着画布测光，周围就会迅速暗下去，场景中的其它景物就会落入阴影里

↓深色的轮廓

这张照片的拍摄方法非常简单：选用一个黑色的背景，从左侧用点光源照亮拍摄主体。满是皱纹的脸和络腮胡子很适合明暗布光风格，在渐变的明暗色调中展现出大量细节

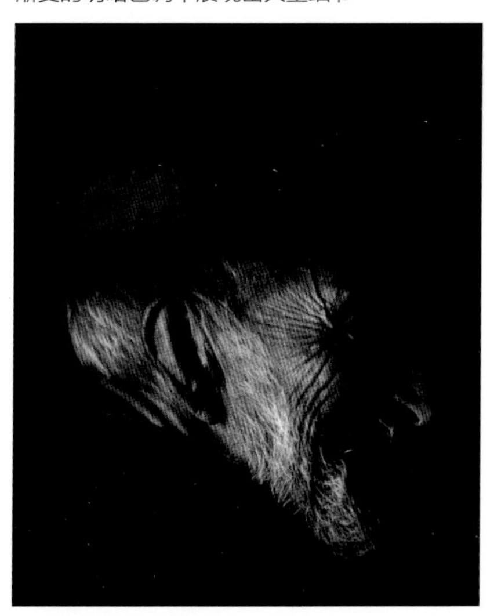

挑战：

用硬光制造形状

为了完成这个挑战，你需要使用高亮度的直射光源，并在照片的前景中凸显它的作用。在前面的章节中我们曾提到，可以使用一些不同的方法使光成为图像中最突出的元素，比如：你可以放大特定细节，利用构图，让画面具有明显的几何感；也可以利用点光源制造明暗对比。如果你有空闲时间，可以尝试一下将带有图案的挡光板放在光源前，让它们的阴影落在特殊的拍摄主体上，以此来创造独特的效果。

↓ **沙丘的阴影**

沙丘阳面和阴面之间的动态范围很大，增加了曝光难度，所以要时刻关注着直方图，防止出现死黑或者高光溢出

→ **太阳下的索尔兹伯里**

拍摄建筑这类有棱角的主体时，你会很容易遇到硬光形成的强烈对比，拍摄主体的一面被照亮，另一面则处在阴影中。也可以在后期制作中增加对比度，因为它会凸显拍摄主体的宏伟感

© Frank Gallaugher

挑战清单

→ 你最好通过硬光开始你的拍摄之旅，它是各种类型的光源中最简单、直接的一种。另外，上午和下午的光线会形成长长的、夸张的阴影。

→ 像往常一样注意你的曝光，但是不要害怕让一些阴影变成纯黑色。

→ 这可能是非常适合拍摄黑白照的时刻，因为它完全是通过光来说话的，不会让你的观众被无关的颜色信息分散注意力。

侧光和边缘光

↑ **沐浴在倾斜的光线中**
远处的落日就像一道强光投射在船舷上，塑造了水手紧绷的肌肉轮廓，以此来表现他的体力劳动状态

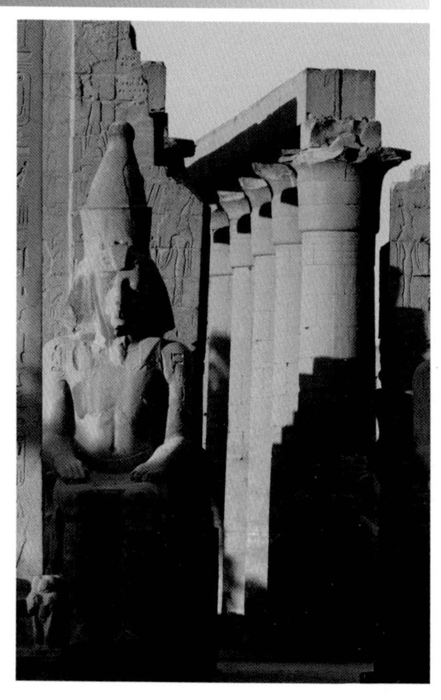

↑ **侧光下的卢克索**
从东方升起的太阳形成了强烈的侧光，照在柱子和雕像上，很好地勾画出它们的轮廓和形状。为了保持阴影中的细节，要小心仔细地曝光

典型的强光形成的长长的影子可以增加夸张性、唤起共鸣，同时可以有效地表现圆的形状。这种光线形式大多出现在光源与相机成直角的时候。不过你可以试验一下，看看从稍微偏斜一点的角度照射会产生什么样的效果，光线和拍摄主体会有什么样的相互作用。有时，需要通过补光填充画面中的浓重阴影，不过这通常是项简单的任务，只需要在光线的另一侧放置一个反光板。

侧面的光源距离拍摄主体越远，拍摄主体受到的光照量越少，边缘就会变成亮的轮廓。这时的侧光就被称为边缘光。这种情况很适合选用黑色背景，因为黑色的背景不会和细条状的光线竞争。当然，如果边缘光不需要和其他环境光竞争，那是最好。一般来讲，拍摄主体的形状和轮廓越简单，边缘光

↑ **远处景色的纹理**

随着拍摄主体和相机间距离的增加，如果想要让观众能够看清画面上的纹理，侧光的强度也必须增加。如果是漫射光就会使这些梯田上的草统统失去细节

↑ **华丽的门廊**

这个画面上有两种阴影：门廊投射出较大的、有图案形状的阴影；凹凸的墙体表面投射出微小的阴影。如果使用正面光，就无法表现出这些细微的纹理细节，这面墙就会变得平淡而毫无吸引力。在这幅作品中，你会感觉到好像用手指在墙上拂过就能触摸到每一个凹槽和凸起

下它的轮廓线就越清晰、越干净。如果拍摄主体的形状很复杂，那么每个元素都会产生它们自己的轮廓，让拍摄主体本身的轮廓变模糊。

纹理

摄影必须使用多种技巧来表现立体感。比如，明暗对比光是通过用从亮到暗的逐步渐变表现立体感，最适合表现形状和特征。但是纹理是更微妙、更细小的，需要强烈的侧光从较低的角度照射拍摄主体表面，才能够投射出无数微小的阴影。为了达到这一目标，可以通过以下几种方法：靠近拍摄主体，或者使用微距镜头，再或者将长焦镜头放大画面。这些方法都有利于观察纹理细节。同时，强调纹理还有利于以更生动有趣的形式呈现拍摄主体。在合适的光线条件下，一面不起眼的混凝土墙却可以展现出丰富的纹理，比如：碎裂的砖石、剥落的油漆、风化的表面等。

挑战：

表现纹理

大多数拍摄主体都具有纹理，但是，并不是在每种光线条件下都能轻易拍摄出这些纹理。强烈的侧光最适合用来表现纹理。不论在影棚内还是室外，不论是人造灯还是半空中的太阳，都可以创造侧光。不同于去捕捉黄金时段光线，在侧光拍摄中，光线本身并不是最重要的因素，找到适合的拍摄主体才是最重要的。那什么才算是合适的拍摄主体呢？要能够在光线下表现出三维立体感和活力的主体才算得上。

↓ **颜色特写**
对比色本身就可以在摄影作品中形成质感。不需要很强的侧光也能呈现出三维立体感

© Frank Gallaugher

→ **桥上的爱情锁**

表现纹理通常意味着发现一些平时看上去是杂乱或无序的事物，通过拍摄使其成为视觉关注的中心。这个画面中的景物如果用作肖像摄影的背景，那无疑是个灾难，但如果将它们作为拍摄主体，这面挂满爱情锁的墙就会极富吸引力

挑战清单

→ 微距镜头和特写很适合用来了解纹理，你可以通过在合适的位置放置一盏灯来添加侧光，也可以手举一个外接闪光灯从拍摄主体侧面打光。

→ 长焦镜头天生就适合用来表现纹理。但是要记住，大多数广角镜头需要靠近拍摄主体来对焦，也许你可以设计一个有趣的构图，比如：广阔的背景映衬着硕大的前景。

第 3 章 构　图

本章内容：构图

每一位摄影师都要面对构图，不论你使用何种相机，喜欢拍摄何种风格。不论你是用手机进行拍摄，还是用高端相机，摆在你面前的构图原则都是一样的。遵循这些原则才能拍摄出迷人且有内涵的作品。

照片能够表现出你对一件事物或某个场景的理解，也是你讲述一个故事的途径。所以，构图是一张好的摄影作品的基础。构图就是你如何将场景中所有的事物有效地组合起来，形成一个有机整体。如果想要让一张照片富有故事性，那么它就需要一个强有力的构图来传达。

就像摄影一样，构图也是技术和创造力的综合体。几何学和艺术学在这里相遇、碰撞、产生火花，从而制造出美丽动人的作品。如果你不曾学过高中数学，或者一听到几何学的概念就心生恐惧和厌烦，那也不必担心。当你拿起相机，透过取景器观察时，自然就能感受到构图是如何提升画面质量的了。不论是常见风格还是特殊风格，都不会很难，不要畏惧。

这一章建立在你之前学过章节的基础上。在这一章你可以有机会练习之前学过的技术和技巧。当然，如果你只是想随便看看，了解一些构图原则，也可以。不管怎样，我们的唯一目的就是让你拍出构图更好、更漂亮的照片。

选择拍摄主体

© Daniela Bowker

选择拍什么是第一步。这是你开始的地方，它会影响到接下来的拍摄和后期处理中的一切。拍摄主体可以是单个物体，也可以是一组；可以是大场景，也可以是瞬间的动作、有吸引力的图形……几乎所有事物都可以充当拍摄主体。如何提升摄影作品的水平呢？把你的拍摄主体变成其他事物的一部分——一个项目，一个主题，或某种更广泛的目标。

↖ 开放的道路，开放性的表达

在这幅作品中，很显然想要表现的主题是道路，但还有另外一个主题——开放性、可能性，或者理解为虚无和迷失。作品表达了一种孤独感，任何人看到这张照片都会有一种自己是世界上唯一的人的感觉，那条路会一直向前，没有尽头，也没有人烟

强调主题

当你确定了主题，接下来就可以选择背景，决定取舍了。找出重要元素，并分析它们之间的关联，例如：背景如何突出主题。之后，就可以确保作品表达出了你想要表达的，或者至少一切都在朝着这个目标前进。在你释放快门之前，你已经离更好的作品又近了一步。

如果上一页那条公路上有一列汽车在行驶，就会减弱照片中的孤独感，并改变作品想要讲述的故事。甚至你可能会觉得汽车变成了拍摄主体，而不再是公路。但是，一栋独立的建筑物或者一辆孤零零的车可能会使人感到孤寂、荒凉。无论你把什么放在一个图像中，它都应该有所贡献，要能够衬托和强化这个主题，而不是减弱它。有时，为了拍出完美的照片，可以改变一下你的位置，或者在这里多停留一会。相信我，这是值得的。

要想让某种景物成为照片的主体，不是把它放置在画面的中间那么简单。这里有一整套吸引注意力的技巧和方法。我们将通过这一章的课程探索这些技术。第一步就是学会安排拍摄主体在画面中的位置。虽然，把拍摄主体放在画面正中这个方法听上去合情合理，但是这样做并不一定能拍摄出最佳作品。很明显，如果你反复使用这种构图，就会让人感到很无聊、枯燥。

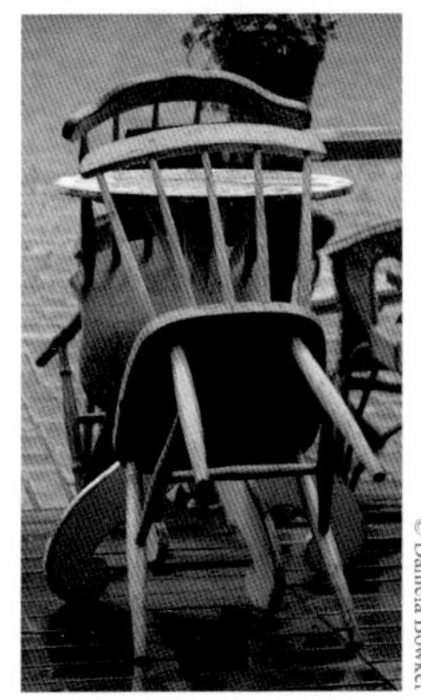

© Daniela Bowker

←↑ **两张对比图**
这两幅照片的拍摄主体是什么？是弧形椅背上快要落下的水滴，还是被遗忘在雨中的桌椅？

填充画面

此刻，让我们忘掉所有其他类型的图像，只关注眼前的这一种：拍摄主体是唯一的、独立的、显眼的。该如何拍摄这种主体的照片呢？这里有些标准供你参考：一是靠近拍摄主体，让他/她/它占据画面的大部分空间；二是增大视角，将周围的环境纳入镜头中。方法一让你能够更好地捕捉拍摄主体的细节，如果拍摄主体较大，能够填满整个画面，那就更容易构图了。这也适合用来拍摄那些有趣或不常见的主题，比如：某种珍稀鸟类或者精美的艺术作品。第二个方法可以通过较宽的视角显示出拍摄主体和周围环境的关系，不过环境必须要与拍摄主体相协调才好。

有时，拍摄主体需要有一些对比参照物，或者周围发生了一些与拍摄主体有关的事情，这时可以相应地调整取景范围。

这些方法不存在孰好孰坏，只关乎于你的偏好，你想要表达的重点，以及与场景的适合度。要勇于尝试，试着用不同方法去拍摄。但是要想清楚你最想表达的是什么。

要时刻不停地思考：你想让拍摄主体在画面中占多大比例？怎样拍摄才能让你与众不同？在你学着同时处理拍摄主体和环境的时候，你要不停地问自己这些问题，这会慢慢变成你的习惯。不论如何，拍摄的底线是最大限度地在画面中表现出有意义的信息。画面中不应该出现任何与主题无关的东西。观众在一张照片中看到的所有东西都应该是强调主题的。

© Daniela Bowker

↑ **从这边到那边**

这是一张简单的静物摄影作品，从正上方拍摄，画面完全被拍摄主体占满，主体从底边到顶边，而不是只占据某一个角落

© Daniela Bowker

←↑ 再靠近点儿

拍摄主体是哪个？当然是花了。左图展示了植物的整体，并且表现出一些周围环境。而上图展示了花苞和花朵的细节。两者没有优劣之差，它们只是用了不同的表达方式

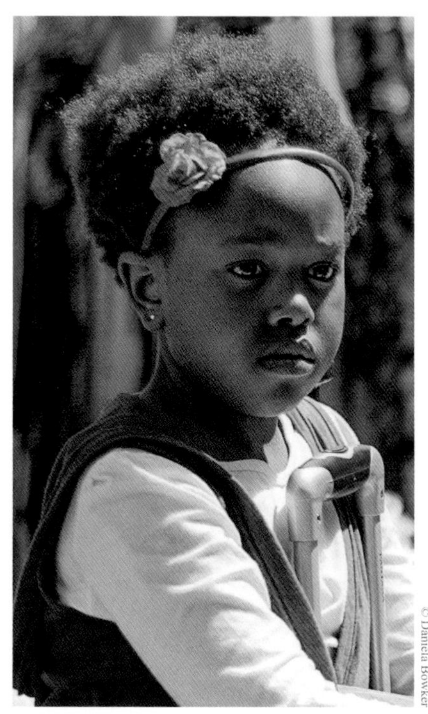

© Daniela Bowker

组织画面

在画面中添加一些矛盾对立，不仅更有利于讲述故事，提高画面的趣味性，也有利于表现拍摄主体和背景之间的关系。在本书后面的章节中，还会有涉及矛盾对立的内容，但是在这一节中，矛盾对立是指通过拍摄主体和背景间的相互关系，来表现方向或动作。这会给画面增添动态，同时将你的注意力吸引到画面上。

贯穿画面的对角线和分割线，以及拍摄主体的视线，都可以制造矛盾对立的紧张感。如果你想拍摄关于环境的主题，拍摄主体和背景的关系就更重要了。背景可以提供拍摄主体的环境信息，它们联合起来又可以共同讲述照片中的故事。

如果你从未尝试过偏离中心的构图方式，也没有什么大问题，照我说的做就行。如果你正在使用手动对焦模式，首先对准拍摄主体对焦，然后重新构图，让拍摄主体与背景产生联系。如果你正在使用自动对焦模式，首先半按拍摄键对准拍摄主体进行对焦，然后在保持半按拍摄键的同时，重新构图，等你得到期望中的画面时，彻底按下拍摄键。只要你保持半按拍摄键，相机会记住你的对焦位置，即使拍摄主体在画面中的位置已经改变，不再处于画面中央也没关系。

值得注意的是，许多相机（包括大部分数码单反相机）都允许用户自定义各种按钮，以便以不同的方式运用这种对焦和重新构图的方法。例如，你可以按下AEL/AFL键（曝光锁定/对焦锁定）来锁定焦点，或者半按拍摄键，这些方法都可以。有关的详细信息，请参阅你的相机说明书。

↖↖↑一个场景的三种表现方式

从这三张照片中我们可以看到，改变相机与拍摄主体间的距离，就会改变画面的感觉。第一张照片中，相机距离拍摄主体最远，观众可以感受到场景的熙熙攘攘、热闹拥挤。观众可能会将女孩当做是拍摄主体，也可能将她身边的妇女当成是拍摄主体。旋转镜头，放大画面，可以更好凸显拍摄主体，并表现出女孩的情绪。上图的取景范围介于前两张图之间，既足够近，可以清晰地表明拍摄主体，又能为观众提供足够的线索来理解周围的环境

水平线&竖直线

←→ **拍摄主体决定方向**

伦敦市政厅是扁长方体形，长度远大于高度，所以最适合用水平方向拍摄。同样，在右图中，这位女性凝神俯视着手里的茶杯，为了表现矛盾对比，最适合用竖直方向从上到下拍摄

人类属于双目视觉系统的生物，我们的两只眼睛是左右分布的，而不是一只眼睛在另一只的上面。因此，我们的眼睛倾向于沿水平面而不是竖直面扫描物体。这样，就不难解释为什么我们更倾向于关注水平方向的图片了。绝大部分相机都是基于这一点进行设计的，将相机旋转90度角就会有点儿不舒服，所以，在随意拍摄或捕捉快速运动的物体时，通常选择水平拍摄。

一般情况下，拍摄方向取决于拍摄主体——风景照通常使用水平形式，而肖像照通常使用竖直形式。在典型的风景照中，延伸的水平线是一个强有力的要素，水平线越长越好。在一个场景中，从左到右通常要比从上到下包含更多的信息和视觉内容。我们常用水平方向拍摄，虽然有一部分原因是由于这是相机的默认方向，但另一方面也是因为水平方向更符合自然、更能有效表现景观。

相反，人是长方体的，纵向比横向要长，他们的体型天生适合竖直方向的拍摄。不仅全身照或头像照是这样，半身照也是这样（比如从胳膊或手腕以上取景的肖像照），这类肖像照通过图片上方的面部表情与下方的动作之间的对比，形成明显的冲突。

创意拍摄

虽然，多数情况下，不论是拍摄肖像照还是风景照，应该选择何种方向一目了然。但有时，根据拍摄主体很难一下判断出应该选择哪种方向。例如拍摄这样的风景时：背景是水平延伸的山脉，但前景中有竖直的参

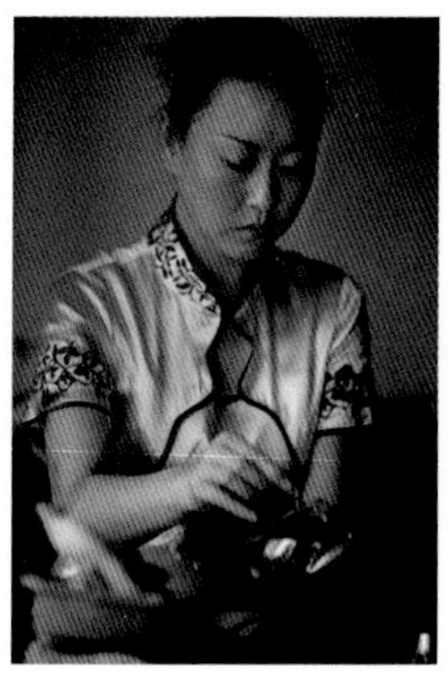

天大树。你认为哪个是主要元素？哪种方向最适合用来表现你选定的主要元素？哪种方向可以最大化地表现出它们的特征？

其实，你对于方向的创造性选择并不总是需要本着解决问题的原则。可以试着挑战一下自然倾向，比如说，做些不同以往的尝试，换一个方向进行拍摄。不是说你要去掉拍摄主体的重要元素，而是希望你能花时间充分考虑所有的选择。绕着拍摄主体转一圈，旋转或倾斜相机，或者调整自己的位置，让光线和阴影以不同的方式投落。寻找其他可能在景观中形成竖直方向的元素——它们可能是主要的（比如一座山），也可能是次要的（比如一只孤独的鸟，在纯净蓝天中占据着画面的一角）。在多数情况下，关键点是确保不要错过所有与众不同、有吸引力的构图。

↑ **两幅对比照**

在上面两幅海景照中，横向的更符合大众习惯，因为宽广的地平线可以从左延伸到右。虽然左图的景物与右图完全一样，但竖向拍摄一反传统，向观众展示了更强的图形感，在画面的上下两部分之间形成强烈的对比冲突。这里要认识到的一点是，这两种拍摄方法没有优劣之分，不管它们的共同主题是什么，它们看起来都很独特，只是由于它们的取景方向不同而展现出不同的效果

拍摄主体的位置

将重点要素与画面中的环境相结合，可以解决如何安排拍摄主体位置的问题：如果场景中心是乏味无奇、死气沉沉的，那么拍摄主体应该位于哪里？答案不是简单的“其他任何地方”。我们需要给拍摄主体找到一个充满活力和魅力的位置，更重要的是，要能够突出主题。随意的定位只会造成混乱和重点不明确。如果你的每张照片中，拍摄主体都远远地站在画面的角落里，那效果就跟他们在每张照片中都位于中心一样，都是令人感到乏味的。观众喜欢精心设计的、构图合理的作品。事实上，只要用心设计，即使极端或古怪的主题也具有很强的拍摄性和很大的设计空间，你不要将目光只盯在它们的怪异之处。

当你在选择将你的拍摄主体放在哪里时，会受到许多因素的影响。最明显的是拍摄主体的大小。如果被摄主体较大，就没有

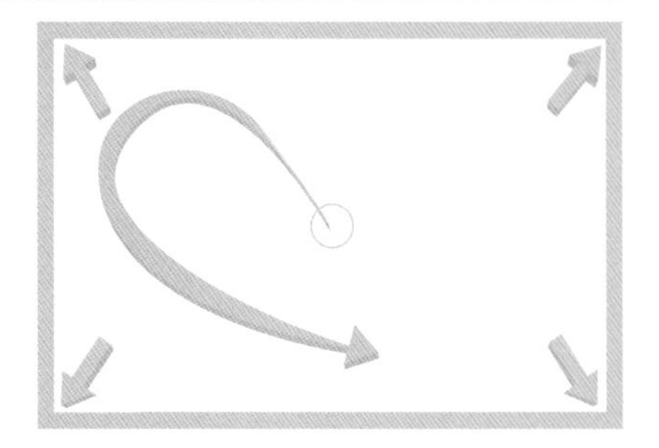

↑ **徘徊的视线**

面对一个静止的矩形时，眼睛不会只盯着中心——眼睛会扫视整个矩形，探索矩形的边缘。一个被放置在中心的拍摄主体无法吸引观众的眼球，如果加入其他元素，画面会显得更生动有趣

↙↓ **中心与偏离中心**

左图是一张很普通的照片，没什么创意，也不吸引人。但是将船移到画面的右下角，会让观众想象出开阔的水面一直延伸到画面的边缘，无边无际。突然间，这艘孤零零的小船就与周围环境产生了联系。所有的一切都是通过稍微向左上角移动镜头实现的

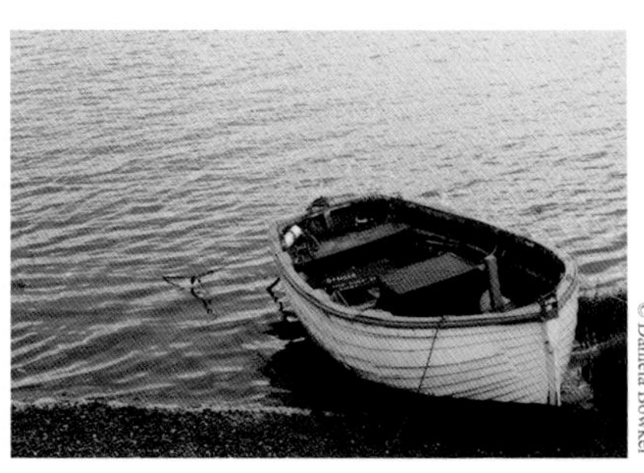

足够的空间让它移动到明显偏离中心的位置；相反拍摄主体较小，就可以有足够的移动空间。

你还应该留意附近的次级兴趣点。可能在一副照片中，天空中的一群鸟或一棵大树位于与拍摄主体相反的一边或一角，这会在它们中间形成一种对立冲突。在某些情况下，次级兴趣点甚至不需要出现在画面内。如果你的拍摄主体将要运动，或者在朝着某个方向盯着某个画面外的东西看，你也可以通过构图来表现他们好像要穿过画面，移动或看进画面外的空白空间。当然，除了给空白空间赋予意义和目的，记录下拍摄主体的动作以及拍摄主体看向画面内的某一点，这种拍摄形式更为传统。

水平放置

让地平线从画面中部横贯左右，将画面一分为二很容易，但是这样会弱化每个部分的动态或对比。让地平线位于画面下方 1/3 处，可以更有利于制造动态。当然，你也可以把地平线放在上 1/3 处。如果景物中最重要的元素位于天际线下方，将地平线上移可以让重要元素占据画面的主要部分。你可以通过上移地平线来创造一些夸张的作品。

↓↓ 小心明显的均分

从下面两张照片的对比中可以看出，地平线从画面中间横贯会显得平淡乏味，远没有地平线较低的构图吸引力大。而且，第二副图能更好地展现建筑物剪影衬托下怪异的黄色天空

黄金比例

虽然看起来在如何安排拍摄主体的位置这一问题上有一些严肃的决定要做，不过这里有一些有用的准则来帮助你做选择，遵循这些准则你可以掌握如何在画面内安排、布置各个元素。

也许，这些准则中最著名的要数黄金比例，也被称为黄金分割。它与三分法相似，但从数学角度来看又与三分法不同。它已经被建筑师和艺术家使用了几千年（帕台农神庙就是根据黄金分割原则建立的），所以作为摄影师不应该对它感到陌生、新奇。

黄金分割比是一个无理数，约等于1.618，用ϕ表示——希腊字母phi（因此该规则也被称为“phi”）。如果将一条线分为两部分，a代表较长的一段，b代表较短的一段，如果a除以b等于a加b之和除以a，那么这两条线段的长度比就是黄金分割比。

当然，能了解黄金分割比背后的数学原理固然是好，但是不了解也没关系，只要记住，黄金分割比的基础是短线与长线的比例等于长线与整条线的比例。这就意味着，如果安排得当，画面中的各种元素就会彼此和谐地相互映衬，不会互相争夺主导位置。这样，整体的效果就要优于各部分相加之和，1+1大于2。

$$\frac{a}{b} = \frac{a+b}{a} = \phi$$

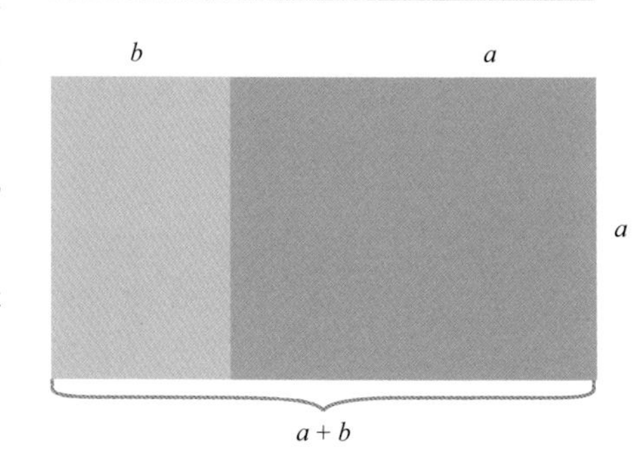

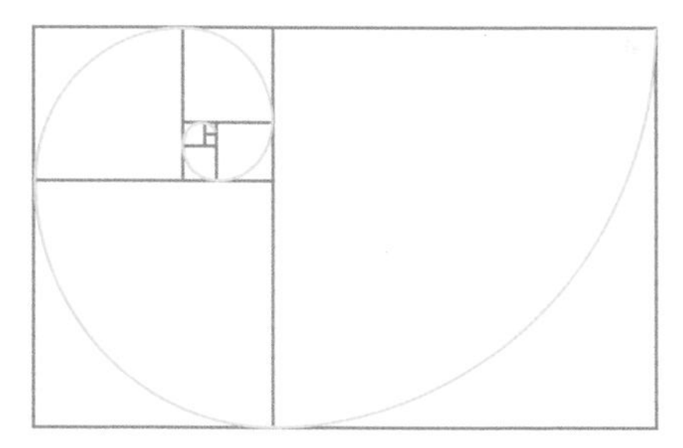

↑**经典的优雅比例**

不论具体方向如何，长方形的构图原则都是黄金分割。你可以根据拍摄主体将它进行翻转或旋转

黄金螺旋

另一个可以用来指导构图的美学原则是黄金螺旋。它基于斐波那契数列，你可以简单将它理解为一系列连在一起的四分之一圆，它们被画在越来越小的正方形内，这些正方形本身被画在一个符合黄金分割比的矩形内。如果你将拍摄主体置于螺旋线的中心，让画面中的其余部分沿螺旋线分布，就能创作出优秀的构图。有许多不同的方法来划分你的画面，使你的画面符合适当的各种理论。

分割画面的方法有很多种，你的作品可以遵循我们找到的各种可以创造完美比例的理论。画面的主要元素应该放置在何处也应遵循这些比例理论，不论画面的大小和形状是什么。

要记住，这只是分割画面的众多方法中的一种，不要在所有的场景中都只使用这一种方法。当你有时间认真考虑构图时，比如在拍摄静止的风景而不是街拍时，不妨多尝试一下不同的方法。

↓**比例安排**
这是一个直线分割构图，窗户占据大的部分。如果在构图上稍微改变一下，让窗框位于黄金分割线上，会使整个场景更显生动

运用线条吸引注意

线条，比如：地平线、竖直线、对角线、曲线或者虚构的线……都是构图的重要工具。在上一节讲拍摄主体的位置安排时，我们已经提到地平线，也提到可以吸引目光的线条，并且通过构图让线条富有动感。有一些线，我们称之为“引导线”，它们可以将观众的视线引导到画面的拍摄主体上。不同类型的线条具有不同的特性，适合不同的构图。

要记住，不一定需要用实物来表示一条线或一系列线。一系列点就可以形成虚拟的线条，眼睛会自动将它们联系起来，看做是一条线。光线或阴影也可以形成漂亮且微妙的线条。所以，即使你不打算拍摄一张由线条构成的照片，你也需要知道它们会对构图产生潜在影响，并在拍摄时时刻关注它们产生的作用。

地平线让人感觉坚硬且稳固，这并不奇怪，因为它们与土地和重力有关，而且它的状态是巨大的，这会从广度和深度的层面扩展你的场景，让你的场景看上去更宽广、更深邃。如果说水平线给人的感觉是平静、闲适，那么竖直线正好相反。它们可以增加画面的纵向感；在它们与重力反向时，会给人以力量感；特别是当它们作为一个统一的系列贯穿整个框架时，还会给人威严和对抗的感觉。比如，你可以想象一下，一群排列整齐的士兵所展示出的力量和威严感。不论你是使用水平线还是竖直线，重要的一点都是将它们与框架对齐。一条歪斜的线立刻就能被注意到。

在讲拍摄方向的章节中，我们曾提到拍摄主体会在一定程度上决定你该使用横向还是纵向拍摄。所以，水平线明显的场景可以使用横向拍摄，让水平线条和长方形画面的长边共同作用；同样，将明显的竖直线运用在肖像照中，会有更好的效果。但情况并非总是如此。有时，你可以用纵向拍摄来强调水平线，也可以用横向拍摄来强调竖直线。

引导线

线条可以给画面赋予整体感，还可以引导视线。它们会引导观众的视线在画面上徘徊，也会引导视线看出画面之外，还会让视线聚焦于拍摄主体。一条好的引导线就像一个闪烁的霓虹灯标志一样有效，而且绝对比霓虹灯更吸引人，它会大喊“拍摄主体在这里！”。

↑ **建筑的抽象线条**

如图所示，分割建筑的各个部分是利用线条的好方法。视线会被推向左边的焦点，同时也会沿着辐射的线条向右移动

↓ **一排柱子**

布拉格城里的这些廊柱充满了强烈的竖直线和对角线运动

对角线、曲线和虚拟线

↑**跟随轨迹走**

人类是渺小的，但是他们的行走动作却很容易辨认，足以给画面中其他元素赋予意义：田埂沿对角线贯穿画面。这些线条暗示着人在整个画面范围内的移动轨迹，同时也为他们所处的环境提供了有价值的背景信息

相较于竖直线或水平线给人以坚固感或秩序感，对角线则显得更具动感。对角线更利于表现运动，突出运动。尽管如此，在你使用对角线时，还是有一些问题需要注意。如果一副照片中有太多的互相冲突的对角线，就会让人感觉混乱，拍摄主体会在混乱中迷失。对角线还擅长在画面中营造不稳定感，因为它们的特性与水平线和竖直线天生的稳定性相反。它既可能非常有效，但也可能带来不适感和方向的缺失感。在一些情况下，这可能正是你所寻求的；但在其他时候，这可能会破坏你的构图。

要记住，在视平线高度拍摄向远处延伸、逐渐汇聚的平行线，也会成为对角线。这是透视的结果，但在照片中加入斜线是另一回事。

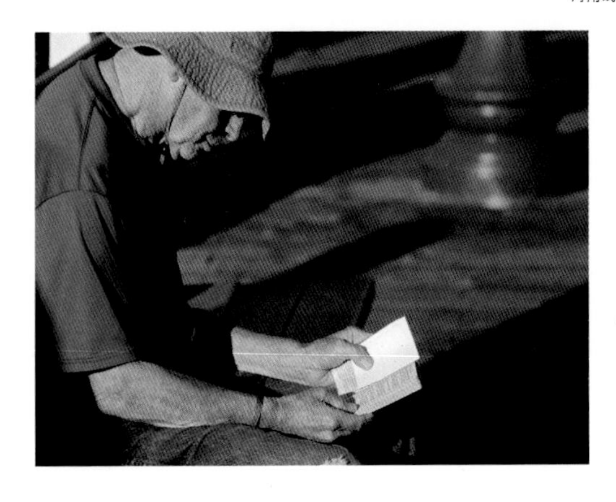

← **真实和虚拟**

男子看向书的视线垂直于呈对角线的阴影，这样形成的矛盾对比增加了画面的趣味性。另外，头部、手臂和书共同形成了一条虚拟的曲线

隐含的线

截至目前，我们已经介绍了线条种类中的大部分，它们都是实实在在的线。还没提到的是隐含的线条，也就是虽然它们不是实际存在的，但是我们能够感觉到线条的存在。最典型的虚拟线就是视线。我们天生好奇，所以当我们看到图像中的一张脸时，我们很可能会追随他的视线。画面上可能是一个人在看向画框外，也可能是一群人在看向某一点，这都会吸引观众的视线看向画面中明显的物体或元素。而且，拍摄主体可以不仅是人类，野生动物和环境在相互配合下也会将观众的视线引导到一些重要元素上。视线是构图的重要组成部分，因为它们通过暗示起作用，完全不依靠实际而存在。

曲线

相较于竖直线和水平线的稳固感，对角线的动感，曲线带给人的感觉则更偏向于性感。它们是光滑的、诱人的、优雅的。想象一下，波浪般连绵起伏的山丘，或者美女如天鹅般的脖颈弧线。通过在画面中运用曲线，可以营造柔和感，增添诱人的吸引力。它们还会让人感受到优雅和高贵，所以你可以用曲线来柔化和中和直线的死板和僵硬。

用线条引导

挑战：

这一节，你的挑战任务是拍一张通过引导线将注意力吸引到拍摄主体上的照片。想想看，焦点该在何处；表现手法该用哪种；拍摄主体该在哪儿；该如何分割画面；选用横向还是竖向构图；需要用大光圈还是小光圈。

↓ **视线**

这幅图中，左侧半边都是窗户，右侧的儿童正聚精会神地看向窗外，窗框将观众的注意力引导到孩子的眼睛上

© Daniela Bowker

挑战清单

→ 找到焦点；

→ 使用一条或多条引导线来吸引观众的注意力；

→ 确保引导线能够突出而不会干扰拍摄主体。

↑ **构建三角形**

线条可以围绕形成中间空白的空间，在这个过程中，你的视线会沿着线条扫视画面

寻求平衡

构图的一个基础原则就是平衡。平衡是通过合理安排画面内的元素，既创造紧张对立又能让对立和谐统一。平衡不仅是关于完全相同的事物——完全相同的叫做对称，我们将在后面的内容中介绍。平衡不需要那么精确，你不必让每个部分都完美，只要让平衡更含蓄，能引发想象。

获得平衡的方法之一就是找到画面的“视觉重心”，然后组织各个元素围绕这个重心来构图。这个视觉重心可以是一团颜色，也可以是一块高对比度区域，还可以是具有特定方向的形状排列……最重要的是通过构图来吸引注意力，让画面中的任何部分都不会令人感到多余或缺失。

形成平衡的一个重要元素就是拍摄主体和背景间的相互作用。通过在它们之间建立恰到好处的矛盾对比，就可以在场景中形成焦点，产生动感以及方向感。即使拍摄主体只在画面中占一小部分，但是由于它与背景的强烈关系，拍摄主体不会被其他元素压制，构图也不会失衡。在肖像照中，如果你让模特站在画面的某一侧，而剩下的部分都是模糊的背景，就很容易让画面失衡。不过，如果模特的视线或位置会引导你扫视空白部分，那么这幅肖像照依然是成功的。在这里，凝视目光的方向性创造出矛盾对立。同样，如果不采用模糊的背景，而是在空白的一侧留下一些物体来衬托模特，图像也将达到平衡。

如果在强光下拍摄，可以试着用阴影来平衡构图。拍摄主体和其影子，两者具有相同形状，共同出现在画面中，可以增加趣味性。阴影还可以被用来拉长或加宽拍摄主体，吸引视线。不要觉得你只能在左右之间、水平线和竖直线之间进行调整来获得平衡。我们已经研究过对角线如何在构图中提供强烈的运动感，平衡在斜线上也同样有效。获得平衡的方式有很多种。比如：确定你想要表达的内容，安排拍摄主体的位置，营造动感和方向感……你一定会找到合适的元素来创建平衡和令人满意的图像。

→ **对角线分布**

面对这扇装有装饰性百叶窗的窗户，可以选择正面拍摄，拍出对称且静态的照片。也可以将窗户稍微向左下移动，使构图活跃起来，但如果没有右上角三角形的高光条，就会感觉画面有点不平衡

↓ **不空的空间**

在这张构图平衡的照片中，左上角和右下角的元素相互辉映，相辅相成，同时又在背景的斜线作用下和谐统一

对称

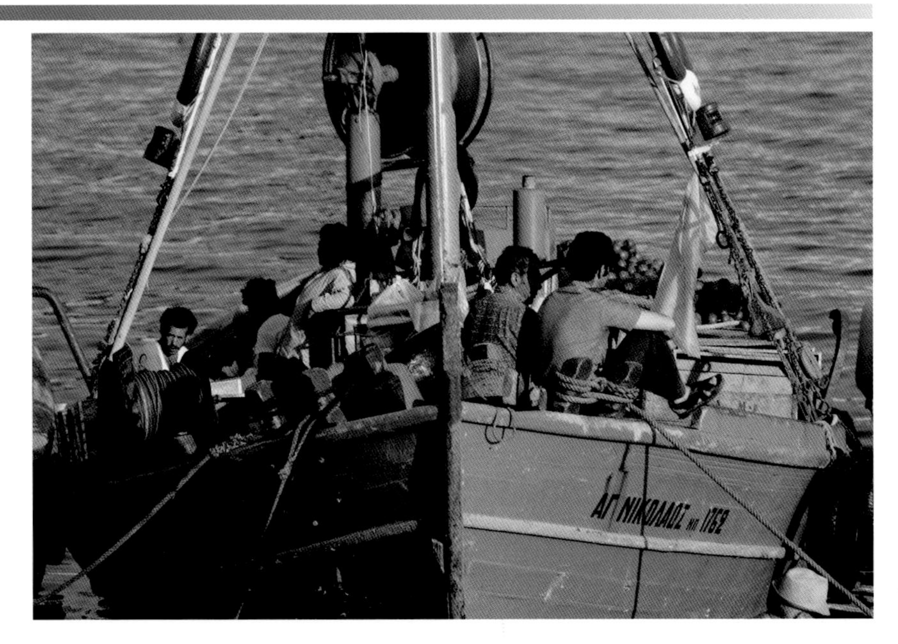

↑ **迎面而来**

这艘船不仅对称而且横贯画面（从右侧投射来的光线进一步强调了这一点）使它感觉像要从纸页上飞出来

平衡中的一种特殊形式是对称，它符合平衡原则，并将这一原则表现到极致。动态的平衡是一种通过对形状和比重进行创造性定位的艺术，与之相比，对称性更像是一门精确的科学，符合科学所要求的关于完美的所有条件。它本身就具有强大的效果，摒弃了偏离中心的方法，创造出简洁有力的图形图像。当然，它也不是总能奏效，因为有些拍摄主体根本无法对称。人造的物体通常适合采用这种构图方法，因为它们的结构设计通常以对称性为指导原则。多观察捕捉那些具有对称性的自然物体，因为它们的有机结构让对称变得更加有吸引力。

如果你想拍摄一张对称构图的照片，大

多数情况下，做到完全对称是很重要的。人眼可以识别并评价几何图形，所以，不得其所的元素会变成图像中的焦点。将所有元素对齐并正确放置需要时间。时刻关注画面的边缘，确保线条和元素均匀排布。

完美的镜像能带来特殊的美感。它能让人感到放松、秩序、简单。当然，这是相较于不对称图像而言的。与镜像图片相比，不对称的元素让人感到动感、复杂，有时甚至是杂乱。但对称也容易让人产生厌倦，感到死板，这就是为什么要小心谨慎地运用对称的原因。

↑透过树木

湖面的倒影是如此平静美丽，但也容易让人感到乏味，通过增加一些其他的元素，比如在前景中加入树，就可以有效避免这一问题

自然的倒影

倒影中的对称线通常沿水平面分布。因为我们习惯于横向看图，我们不会立刻感受到对称图像的视觉冲击，我们倾向于在左右两边寻找不对称的动感。除了湖泊之外，对称构图的肖像照也会受到观众的喜爱。同样，一些建筑也适合采用对称构图。

用三角形营造稳定感

↑ **虚拟的三角形**

构造三角形很简单：它只需要三个点和三条线。它们几乎可以以任何格式配置，甚至这些线不必是有形的，它们可以是隐含的或想象的，就像一条视线。这使得它们很容易被引入作品中，并因此给画面带来秩序感

截至目前，我们已经讨论过具有一个特殊趣味点的图像，例如：一个人、一只昆虫或者落日。但是，不是所有图像都是只有一个人物的简单结构，也不一定都是有着明显焦点的场景。当拍摄主体与场景中的其他元素有关联，就要保证每个关注点都有明确的形状，并以某种方式在画面内排布，防止照片显得杂乱无章。最简单也最有效的一个方法就是利用三角形。三角形还同时具有稳定

和动态的优点：它们的边可以给构图带来一种稳定感，而顶点的汇聚则带来一种自然的运动感。三角形也有引导线。不同于圆形或长方形，三角形不需要精准的顺序和线条，所以很容易用各种元素组成三角形。因为无论其方位如何，均能达到强化效果，且两侧不必等长。

↓ 合影

当拍摄三个人时，安排位置的选择之一是让她们的头部分别位于三角形的三个顶点。这会给图像带来结构感，避免三张脸列于一条线上造成的死板。如果拍摄多于三人时，试着让她们排成一个更大的三角形或多个小三角形

给场景增添动感

从下往上拍摄高楼时，由于透视，高楼会呈现下大上小的三角形——这是竖直线会聚集的一种透视结果。这种金字塔形结构非常稳固，而且会引导视线沿着建筑从下往上看。它具有动感且可以给那些僵硬的结构提供一种不同的视角。倒金字塔形正相反，它没有正金字塔形那样的稳定感，但是它仍然有较强的方向性和动感。通过运用它内在的引导线，它将有助于将注意力集中到一些小的或不一定马上就能吸引眼球的东西上。

分割画面

就像前文中提到的，拍摄三人合影时，可以将三个人的面部分别位于三角形的顶点，同样，你也可以将画面分割为三角形，以此来赋予画面秩序感。如果构图包含很多个拍摄主体，例如：拍摄一束花或一院子的花，这种方法可以有效地将视线引导到视觉中心上。你还可以运用三角形来增加对比进而营造平衡感。你的三角形可以由各种方式组成，比如：不同的颜色、材质、纹理、形状……这可以很好地为原本复杂而混乱的场景带来秩序。以这种方法来分割画面很简单，你只需用三条线来构成一个三角形，画面的边可以充当其中一条或两条线。

黄金三角

三角分割构图的极致是黄金三角，它是基于我们前面提到的黄金分割定律。黄金三角是沿着对角线将画面分成两个直角三角形，然后分别从另外两个角向对角线做垂线，将两个三角形再次分割，形成四个直角三角形。线条交叉的地方，就是视觉焦点的位置。

如果你想创造一个有方向性的三角构图，黄金三角会是个不错的选择，它既能平衡场景，又能帮你确定视觉焦点。

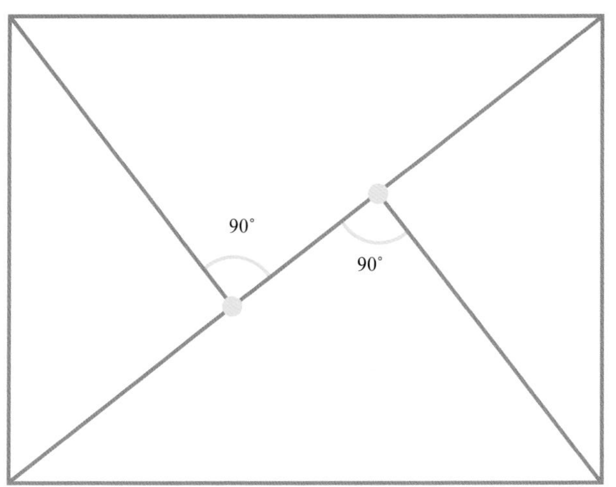

←↑ 打破对称的构图

每个拍摄主体的面部都位于黄金三角的边和点上，所以创造出和谐的构图

颜色

颜色可以表达情绪。红色，最强烈、最浓重，让人感觉精力充沛、性感、充满活力。黄色，最明亮，让人感觉愉悦、活力四射。蓝色，安静、沉思、忧郁。绿色，代表自然、生长和青春。紫色在自然中很稀有，所以有神秘感。橙色，在日出和日落的时候覆盖着每一处景物，所以代表喜庆和诱人。

颜色间的关系

多种颜色作用在一起，通过对比或衬托，创造出平衡感。就像画面一边的大型物体与另一边的小型物体对比可以制造矛盾紧张感，互补的颜色也可以产生矛盾对比，可以通过有意义和令人满意的方式将不同的元素结合在一起。

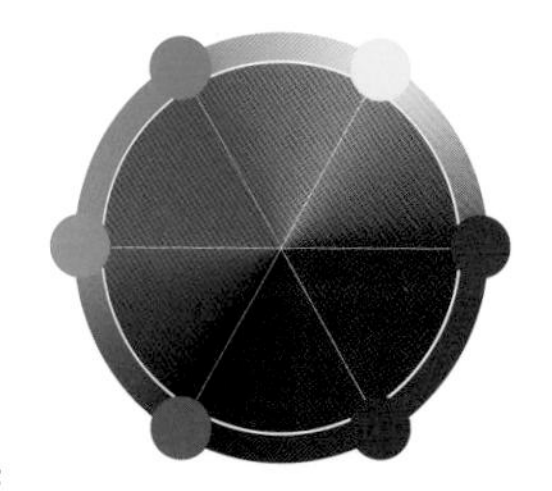

↗ **无尽的可能性**

这种色盘的形式几乎可以涵盖所有颜色，所有存在于蓝色、绿色、黄色、橙色、红色、紫色……中的各种类别、各种色调的颜色

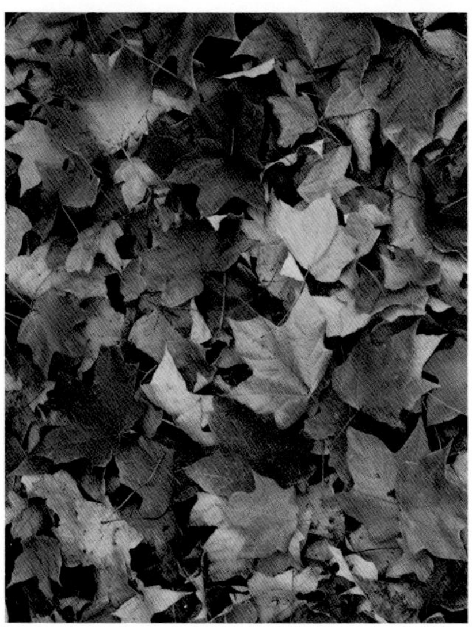

↑↑ **关于自然的两种表现**

上面两张图片都是关于自然界中的树叶的，但是它们的颜色却不相同，于是也就产生出两种完全不同的感觉

颜色的构成

数码摄影为我们提供了描述和操控色彩的准确术语：色相、饱和度、明度。色相就是人们通常所说的“颜色”，比如，蓝色、黄色、绿色……不同的颜色对应不同的波长。饱和度是指强烈程度，纯度或者说是某一色调的浓度（或缺乏程度，比如灰色就是完全不存在饱和度的颜色）。明度就是指颜色的明亮程度，是亮还是暗。在这三个方面中，色相是最重要、最基本的，饱和度和明度是辅助组成部分。色相可以如左页图纸所示，用360度的色盘表示。色盘上，相对（呈180度角）的两个颜色为互补色，互补色可以彼此衬托，创造出自然和谐的对比，增强画面的平衡感。这也是创造平衡构图的另一种方式。除了讨论线条和重量之外，我们现在还必须考虑色彩在摄影中如何促进或破坏和谐。

↑ **大自然的调色盘**

这幅图像依赖于土坯教堂丰富的色彩，它与深蓝色的天空相得益彰，既强调了教堂的结构，又将上下两个元素融为一体

丰富&减少颜色

不是每个场景都需要通过色彩来表达主题。在日常生活中，我们希望能在每个地方都看到丰富的色彩，但事实上，自然世界能提供的色彩比我们想象的要少得多。你可以做个试验，去郊外散步，并找到六种鲜艳的颜色。如果你能遇到一些奇异的、鲜艳的花，算是幸运的。通常情况下，你很可能找到的只是些柔和的绿色或棕色植物，或者是淡粉、淡蓝色的花，当然还有大量灰色的景物。这些自然的颜色不一定是你应该反对的东西。如果想要表现静谧、清新的场景，比如潺潺的清澈小溪，阡陌交通的乡间小镇……就不应该往其中添加过多颜色。你需要依靠的是构图技巧。但如果你想要表现大都市的活力，那么鲜艳的色彩就是最合适的。在人造环境中，可以不费吹灰之力找到具有鲜艳色彩的

↓丰富的色彩
一些拍摄主体本身就具有丰富的色彩，你只需决定什么时候凸显这些颜色，什么时候抑制这些颜色

场景。再次强调，你只需要运用合适的方法和技巧，来保证既能体现创造性，又能充分表达主题。

颜色的浓度和光线

如果你在较弱的光线条件下拍摄，蓝色和绿色系的颜色会比肉眼所见更多、更亮，而红色和黄色系正相反。这被称为“朴金耶位移”，原理是：适光系统中颜色感应细胞为视锥细胞，对较长的波长有着更强的敏感性（如红及黄）；而暗视系统中颜色感应为视杆细胞，对波长较短的颜色（如蓝及绿）敏感性更强。黄昏时分，眼睛的暗视系统开始工作时，逐步超过眼睛的适光系统。因此在黄昏时眼睛会感觉蓝色和绿色更亮。当然，我们的相机没有视杆细胞和视锥细胞，这意味着它们会检测出与我们眼睛不同的颜色。你当时看到的可能与你拍摄出的照片不太一样。

多种颜色

虽然同时使用多种颜色会让画面显得混乱，但也不是不能这样使用。用许多不同颜色覆盖画面可以制造极强的视觉冲击力，这就看你怎么设计了。你可能会发现在这种情况下，拍摄主体本身就是色彩丰富的，拍摄主体的颜色就是画面的颜色。

↑ 低调但真实

在这样一个场景中，没有必要增加色彩的饱和度，因为低对比度和雾蒙蒙的样子正是这张照片引人入胜的要素

挑战：

用色彩构图

色彩可以为画面添加很强的戏剧化效果。它可以转变整幅作品的氛围；可以给画面带来生机和活力；可以突出主题；甚至它自身就可以成为拍摄主体。要想实现这些目的，你需要不断练习，尝试捕捉色彩。让色彩成为你的摄影作品中最重要、最显眼的要素，用色彩取代形状和线条。当然，这些形状和线条等要素依旧在那里，只不过重心转移到了色彩上，让色彩成为画面的最主要影响要素。

挑战清单

→训练你的眼睛首先关注颜色，然后围绕一种或几种颜色的相互作用来构图。

→识别场景中的对比色和相近色。

→运用色彩给画面制造平衡。

← 占主导的红色

让一种颜色充满整个画面会带给观众极强的视觉冲击

→ 上升、上升

如果画面中有多种颜色，就会形成对比，让各个不同部分间产生相互比较、相互作用

节奏和图案

当画面中有许多相似的元素时，它们的排布就可能形成有节奏的结构，也就是，眼睛扫视画面时，会感受到一定的节奏，就像音乐的旋律。节奏需要有重复，但重复并不一定总能创造节奏。一幅摄有12个交通隔离墩的照片，虽然也是完全一样的物品的重复，但不可能吸引观众的目光。需要足够有趣的

↑创造韵律

这排房子看上去很有特色，但是照片只截取了整排房子的一部分，观众会自然而然地被重复的元素吸引——建筑上的装饰、窗户上的倒影、形状、尖顶的屋顶、各种颜色……这样做就是创造韵律。视线会在各种元素间来回观察、对比

元素来吸引注意力，也需要足够的结构来引导注意力。眼睛和大脑会本能地根据画面中重复景物的节奏想象出画面外的样子，特别是当重复元素从一边到另一边贯穿整个画面时。由于这个原因，当拍摄有节奏的照片时，长焦镜头的焦距通常更容易使用，因为它可以裁剪掉一些多余元素，防止它们干扰视线。

图案也是基于重复的，但是它吸引注意力的方式与韵律不同 ，它不会直接吸引视线，而是首先向观众呈现画面的整体面貌，

↓赋予重复更多意义

一列出租车队不会特别吸引人，但是当伦敦标志性的黑色出租车排成一列，拍摄主体联合起来可以将简单的重复提升到一个新高度，变成一个主题鲜明的场景，这个场景可以传达出比画面内容更大的主题。

然后引导视线慢慢欣赏画面，观察每个小细节。画面中的元素越多，图案带来的感觉就越强烈，这与一组单独的物体正相反。通过让重复的元素延伸到画面的边缘，可以增强图案的效果，让观众根据肉眼所见想象出画面之外的内容。

→研读细节

众所周知，这是一个绵延数英里的巨大码头。每艘船都是独一无二的，都值得细细欣赏。需要对70多个重复元素（加上右上方的两个行人）进行一一品鉴，观看画作的时间被拉长，观众可以根据他们自己的节奏来观赏

↓创造韵律

这幅图中，所有的斑马混在一起，几乎很难将它们区分出来。所以，与右侧的码头照完全相反，对每个独立个体的仔细观察有助于了解整幅画的视觉纹理和强烈的图形感

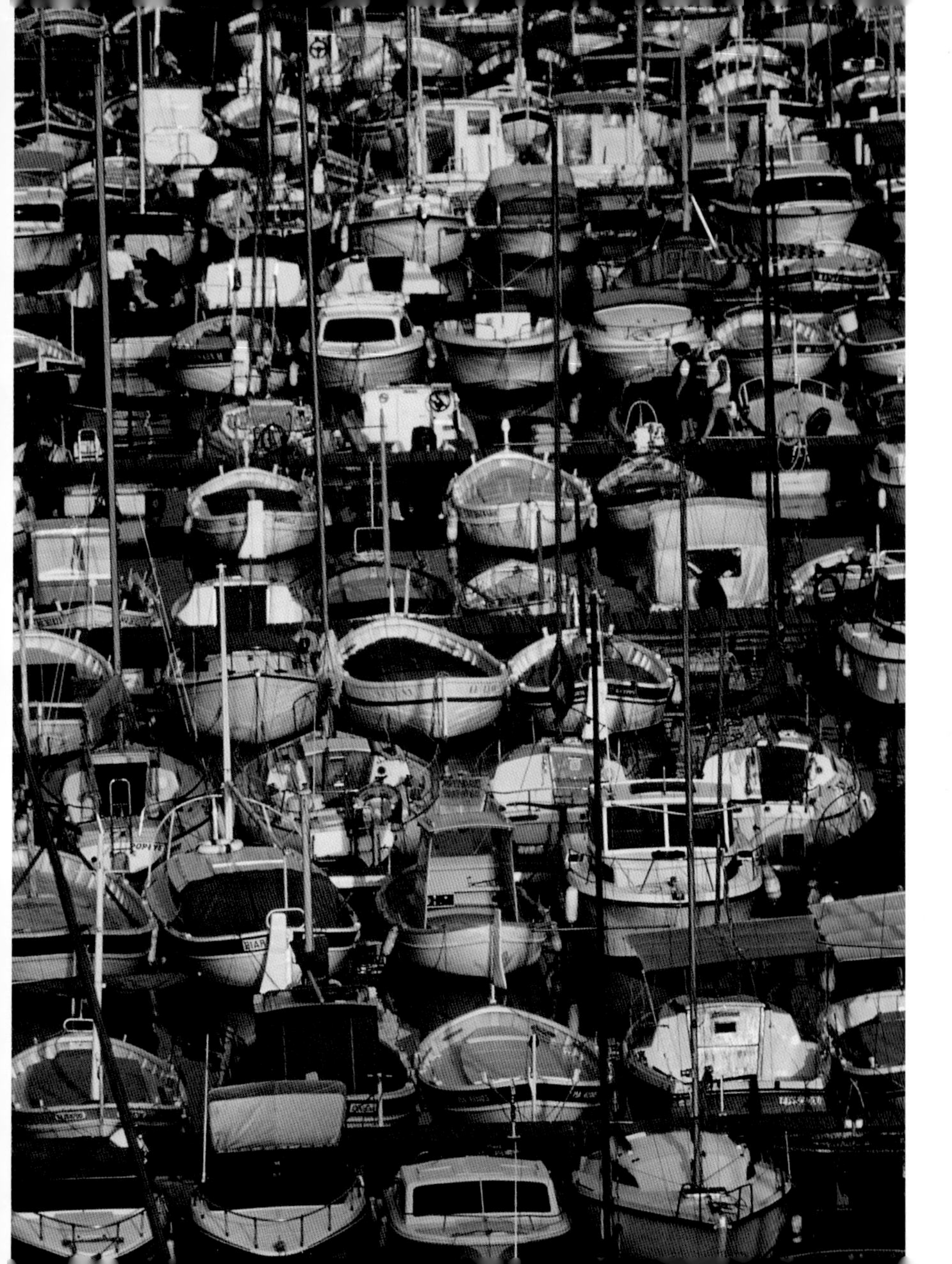

画中画

取景器不是唯一可以框住景物的东西。如果你留心观察，就会发现许多“内部画框”，可以利用它们来辅助构图。它们是有用的构图工具，不仅可以将视线引导到拍摄主体上，还可以营造透视感和三维立体感，就好像你透过画面的某一层看向另一层。我们也会发现，那些使用框景手段的照片更有吸引力，因为画框可以营造秩序感，就像使用三角形有助于组织具有多个拍摄主体的场景。框中框在场景中制造了边界和限制。

几乎所有事物都可以用来充当“框中框”：窗户、门廊、拱门等是显而易见的选择，但树木、篱笆、洞口等也不是不可以。而且，它们不必是完整的边框。你可能会看到，树干和伸出来的树枝形成一个只有两条边的画框，但是这对于增加景深、营造画面立体感、吸引注意力已经足够。

当你使用一个现有的内部边框进行构图时，最重要的是思考它如何能更好地烘托拍摄主体，如何与照片本身的边框相互作用。你需要把注意力放到画面中的线条上，思考它们如何凸显拍摄主体，给场景增添动感。

虽然框中框可以将观众的注意力引导到拍摄主体上，但是你也不能忽略其他的构图原则，例如：黄金比例。

对于景深，也要给予足够重视。如果你的拍摄主体和边框与相机的距离不等，而你又想让它们两个都清晰锐利，那么就需要用小光圈来获得足够的景深。有时，不在对焦范围内，呈现虚化的内部边框依然可以起作用，你可以在一个较浅的景深中只保持拍摄主体的清晰。例如，在肖像照中，树木浓重的阴影可以构成内部边框围绕在小男孩身边，虽然这个阴影只有个模糊不清的形状。事实上，树木枝干上的细节反而可能会分散观众的注意力。

如果你从一个洞穴或隧道内向洞口外面拍摄，由于外面的拍摄主体在光线照耀下比较亮，所以需要进行曝光补偿。如果你使用的是矩阵测光模式，就可以通过降低曝光值，确保外面的景物不会过度曝光。相反，如果你想捕捉到整个动态范围，让洞内、洞外的景物都获得合适的曝光，就可以拍摄两张照片，一张对准阴影部进行曝光，一张根据外面的明亮主体进行曝光，然后在后期处理中将两张图组合在一起。

最后要注意的是：使用“框中框”是很有效的，它可以轻松解决很多构图问题。但

具有一个潜在的内部边框并不意味着一定要使用它。理想情况下，是否运用“框中框”，取决于内部边框是否能够与拍摄主体建立起相互关系。

↑ 门廊形成的边框

建筑设计通常会考虑到在建筑物中移动时，如何利用某些物体将景色框起来，要留意这些线索并充分利用它们

留白空间

在同一张照片中实现“填充画面”和“画面留白”似乎是相互矛盾的，不过如果你将这两者看成一枚硬币的正反两面，可能就容易理解了。当你拍摄某个复杂的主体，用空白区来中和它的复杂感可以给构图带来一些平衡。这种方法更有利于将视线引导到画面的焦点上。不过，要想让留白区域最大化地发挥作用，就要确保在留白区域里没有杂物、色调均匀。色彩和明暗的一致性可以更好地烘托拍摄主体，不会产生干扰因素，比如浓重的雾霭、白色的墙壁就有这种效果。留白区域一般选用中性色，不过也可以是拍摄主体的互补色。

空间感

我们已经学会如何利用没有边界的花纹或重复图案来创造无尽的空间效果。同样，你也可以用留白包围一个孤立的拍摄主体，从而营造出类似的无限空间感。比如，当你拍摄湖上的一叶小舟时，如果将湖岸也纳入取景框，就让观众看到了湖水的边界，影响水面的辽阔感。但如果换种构图方式，用留白空间包围这条小船，小船之外都是空白，

↓ 平静的水面就是空白的画框
大面积的留白区域，更好地烘托和凸显了拍摄主体，进一步强调了画面焦点

↑ **聚光灯下的百合花**

在这束美丽的百合花后面放置一块黑布充当背景，将太阳当做点光源，就能拍摄出柔软洁白的花瓣、娇嫩明艳的橙色花蕊，凸显花朵的优雅感。留白区域与拍摄主体一样，都是画面中不可缺少的重要部分

就会立刻产生空间感，好像小船泛行在无垠的大海上一样。

营造气氛

留白空间还可以用来营造画面氛围。给留白区域赋予不同的颜色，可以营造不同的气氛。比如，蓝色是平静的，黄色是充满活力的。我们在高调摄影中曾提到，浅色的留白空间可以使人产生一种轻松积极的感觉。

光线和阴影

通常，光线本身就可以作为摄影中的拍摄主体。如透过窗户射到室内的光束受到窗台上一排酒瓶的遮挡而投射出美丽的阴影；丛林下，透过枝叶的光线洒落下斑驳的阴影，创造出迷人的景观，吸引着摄影师的镜头。

同样，剪影也可以成为拍摄主体。剪影是在背景明亮，前景中的拍摄主体却没被照亮时形成的像影子一样的轮廓形象。不过，严格意义上讲，剪影算不上是阴影。你可以在有火烧云的日子里，以漂亮的晚霞为背景，去拍摄盘虬卧龙的枝干剪影，或者去拍摄海岸边牵手散步的情侣的剪影。

↑ 阴影作为拍摄主体

将照片转换为黑白色调，进一步凸显了贯穿整幅画面的光线和阴影

→ 透过窗户的光线

在这座阴暗的意大利教堂里，正是穿透黑暗的光线吸引了我的目光。富丽堂皇的建筑实际上只是一个背景

© Daniela Bowker

© Daniela Bowker

↑ **影子表演**

强烈的直射光总是能投射出明显的、轮廓清晰的阴影

隐藏的阴影

有时，画面中没有显示出来的才是最重要，或者说是有影响力的。通过让阴影占据画面的大部分，并空出大量留白，可以创作出有情绪、有气氛、有感染力的作品。如果多数时候你选用暗色调来拍摄，那么这就是所谓的低调拍摄（在直方图上，表示色调靠近左侧）。这种低调照片上通常充斥着大量阴影。阴影不一定都是阴郁、暗沉的，它们也可以很迷人、有魅力。这全部取决于你的拍摄意图、拍摄主体以及阴影的位置。光线投射进入一个半掩着门的阴暗房间，就会带给人一种充满阴谋的、神秘的感觉；光线透过百叶窗形成的阴影，给人一种不自然的感觉。同样是侧光，如果用柔和的侧光照在少女娇羞的脸庞上，就会产生极具诱惑力的效果；如果用强烈的侧光照在狰狞的脸上，就会产生恐怖的气氛。而且，这种效果的强度还会随着拍摄角度的变化有所增减。

人

到目前为止，我们学到的所有内容都可以运用到拍摄人像上。多数情况下，某一摄影技巧的运用范围是广泛的，所以不论是三分法原则还是高调摄影，这些技巧同样都适用于人像摄影。但是人像摄影又是特殊的，需要我们更进一步的研究和学习。

不论你之前的拍摄方式是什么样的，街拍也好，商业摄影也罢，总有一些你想要通过摄影表达的东西。可能是某个路人纯真的眼神，也可能是弓着背前行的人表现出的筋疲力竭；还可能是路上行人的走路姿势……它们都在讲述故事，讲述关于每个人的故事。

首先是眼睛

拍摄时最重要的事情是保证眼睛在焦点上，即使拍摄主体没有直视你。不论是抓拍，还是摆拍，都要确保眼睛的清晰度。优秀的演讲家时刻与观众保持眼神交流，目的是建立彼此间的联系。这不仅适用于口语交流，也适用于摄影。

坦诚且短暂

面对照相机时，人都会感到紧张，不仅是因为他们不想被拍摄，更多地只是因为这会让他们感觉不自在。如果你要拍摄一群人，可以告诉他们不需要刻意摆姿势，也不需要盯着相机，这样就能让他们放松下来。被拍摄者可以享受轻松时光，你的任务就是集中注意力将那些瞬间记录下来。这种拍摄有一个优点，那就是让被拍摄者放松，同时给摄影师带来更多机会。这种方法同样也适合用来练习街拍，或者是在你旅行途中，捕捉那些吸引你却转瞬即逝的景物。你练习得越多，你的观察力就越好，就越善于发现能拍摄出优秀画面的景物，比如人与人之间的互动和情感、光影效果、造型、色彩……你一定要记住三点：一是确保眼睛合焦；二是根据画面选择横向或竖向拍摄；三是尽可能靠近拍摄主体。你尝试越多，拍摄的照片越多，摄影技术就越高。

→抓拍到的瞬间

要想抓拍到拍摄主体自然、放松的瞬间，首先要设定好光圈（大光圈）和焦距，然后等待，在最佳时刻出现的瞬间按下快门

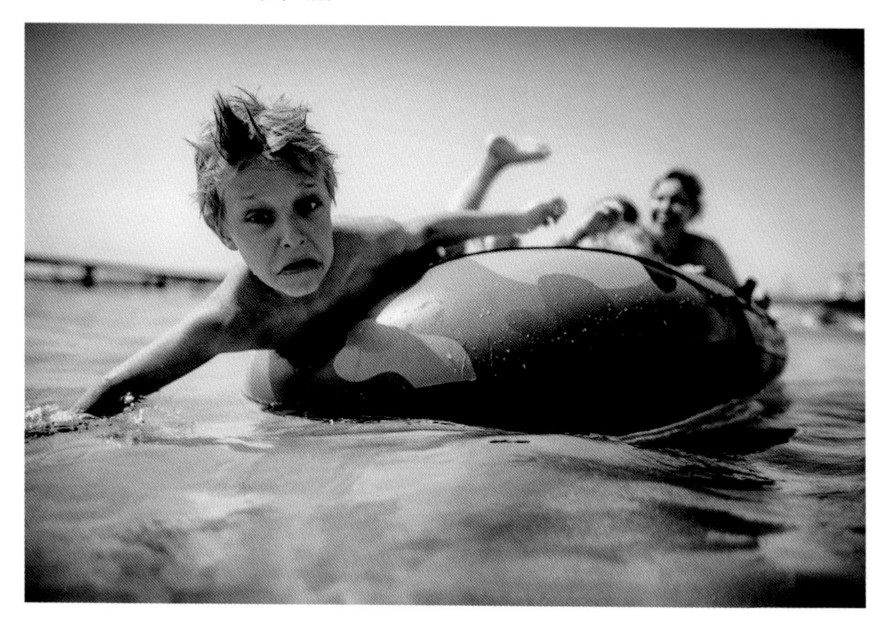

摆拍和抓拍

你可能会在某场聚会上，让某人稍微移动一下，站到一个合适的背景前，这算不上是正式照，但仍然也算是摆拍。比如，当你拍摄躺在沙滩上晒太阳的人时，让他移动到阴影处或者转动脸部朝向太阳，都会让照片有更好的效果。事实上，被拍摄者其实很喜欢接受一些来自摄影师的指导，这会减轻一点他们摆姿势的负担，让他们感到轻松。

你在自家院子里给家人拍摄照片不需要很正式，不过同样也算是摆拍。拍摄人像时，辅以一定的指导，可以让你有机会更完整地构图，采用你想要的光线效果、人物位置、线条、色彩、形状等等。要记住：尽可能多地给模特反馈，比如给他们看看你拍出的照片，给他们讲解一下你想要达到的效果。

←↓ 寻找与众不同

虽然，正式的摆拍可以让你有充足时间给拍摄主体化妆、做发型、整理服装，但是拍摄主体容易姿势僵硬、表情不自然。相反，抓拍的人像照往往能更好地讲述故事，传达感情，表现当时当地的气氛。留意被拍摄者的手势、面部表情、有趣且充满活力的动作。提前做好准备，等待特殊时刻的出现，可以让你有时间调整拍摄角度、完善构图

拍摄双人照

↑ **眼神可以传达一切**
与拍摄主体进行交流可以帮助他们消除紧张。如果拍摄主体是两人或者多人，他们之间的谈话会自行展开，让摄影师有时间去观察他们的互动、为拍摄做好准备。这张照片就捕捉到了男孩与女朋友互动的瞬间

当你拍摄自然、随意风格的双人照时，必须时刻关注两人之间的互动。在你拍摄的过程中，你肯定很想要捕捉到那些美好的瞬间，比如恬静的对视、开心的欢笑、温柔的触摸……毕竟，这些才正是摄影的意义和价值。

如果你只是临时起意，想要抓拍下眼前的瞬间，那么不要犹豫，因为花很多时间纠结构图会让你错失时机。你拍摄的照片越多，就越能熟练运用构图技巧。我要再次强调拍摄的重点：确保眼睛区域的清晰；根据需求确定竖向或横向拍摄；将拍摄主体置于黄金分割线上；尽量靠近拍摄主体。只要做到这些，就基本成功一多半了。

当你有机会拍摄更为正式（摆拍）的双人

照时，就有充足的时间进行细致的构图，但是要小心，不要因为你的指导而影响他们之间的亲密度。不论他们彼此是什么关系，恋人、母子、兄弟姐妹，或是朋友，摄影的重点都是表现他们之间的关系。所以，要认真思考你首先要通过摄影表达的是什么，然后再根据这个目标进行参数设置。

拍摄人像时通常使用大光圈来制造浅景深，目的是为了柔化背景，凸显拍摄主体。但是，这个技巧在拍摄多人照时就会遇到麻烦，可能失去用武之地。拍摄多人合照时，既要让每个人站得近一点，又要缩小光圈增加景深，这样才能确保每个人都在合焦区域内，都是清晰的。

↓只需要足够的景深

这张照片中，相机从一个略微偏斜的角度拍摄，两个孩子距离相机的远近也略有不同，这就需要将光圈稍微减小，然后靠近孩子们。这样既能保证人像的清晰度，又能让背景虚化

↑ **向上看**

按照身高来安排所有人会花费不少时间，而且有时还会显得死板，缺乏活力。可以采取一个简单又有效的方法：让摄影师踩在脚凳上，从上往下拍摄，这样可以给观众带来一个新颖的视角

集体照

与拍摄双人照一样，在拍摄小型的集体照时，重点也是捕捉他们之间的关系和互动。拍摄大型集体照时，对于摄影师的组织管理能力是个不小的挑战。有人好像小丑一直逗别人笑，有人却一直不笑，而你就好像面对着一群不听话的羊。不过，你可以采取一些措施来改善这种局面。比如，从较高的位置拍摄，不论是站在梯子上还是阳台上，或是俯身探出窗户，都能让你更容易指导那些人。或者反过来，让人群站在台阶上，你站在最低的一层。人群中的矮个子站在前面，高个子往后站，前后排的人互相错开，让每个人都能露出头来。一定要多拍几张。拍很多张的话，总能从中挑出一张大家都看向镜头、都在微笑、都没闭眼的照片。

双人照

你可能为了完成之前的挑战任务已经拍摄过单人照，而拍摄大型集体照的机会又不太多，所以这一章，我们将挑战任务集中在拍摄双人照上。不论你想要尝试摆拍照还是更倾向于抓拍，都可以。重点是清楚地表达照片中两个人的关系，并且以有意义、有吸引力的方式来表达。

挑战清单

- → 捕捉两个人在一起的瞬间。
- → 思考你需要多大的光圈才能确保照片中每个人的眼睛都是合焦的。
- → 选用合适的拍摄方向，并靠近拍摄主体。

© Daniela Bowker

焦距

镜头的工作原理是：太阳光照到景物上，再被反射进入镜头，聚集在传感器的焦点平面上，形成一张照片。镜头能拍摄到多大范围，取决于它的焦距。

本书中，所有关于焦距的讨论都是基于传统35mm相机的（也就是全画幅）。如果你使用的是半画幅相机，那么就将这里提到的焦距除以1.5（不同品牌的相机略有不同），得到的数字就是这个镜头在你的相机上的实际焦距。

定焦和变焦镜头

举个例子，随着相机配套出售的镜头是28mm-85mm变焦镜头。这支镜头涵盖从28mm到85mm的所有焦距，你可以随意选择这个范围内的任意焦距，所以叫做变焦镜头。当然，随着焦距的变换，视角范围也会变化。另一种常见的镜头与变焦镜头完全不同，被称为定焦镜头，这种镜头的焦距是固定的，视角范围也是固定的。如果你想要改变画面中拍摄主体的大小，那么只能通过改变相机与拍摄主体间的距离才行，比如让摄影师靠近或远离拍摄主体。

定焦镜头有其特殊的拍摄要点，使用定焦镜头拍照时，需要更密切地关注画面边缘和潜在的构图方式。不过，事实上，从定焦镜头本身的设计制造而言，并没有什么特殊的地方能让摄影师的行为有所不同，因为如果愿意的话，即便使用变焦镜头同样也能达到一样程度的思考。只不过，使用定焦镜头更有利于培养创造力。

使用定焦镜头的另一个好处是你可以学会如何欣赏不同焦距的镜头。广角镜头倾向于用较广的视野将所有景物纳入画面，长焦镜头可以将远处的物体放大并拉近，这些都给我们带来实实在在的好处。但是它们没有考虑到透视会随着焦距变化而影响拍摄。例如，广角镜头会让物体有膨胀感，让景物向边缘延伸。不论你使用的是变焦镜头还是定焦镜头，都要时刻关注焦距对透视的影响。

简单实用的焦距选择指南

使用多大的焦距取决于你个人的喜好。但是，本指南会告诉你，针对不同的情况什么样的焦距更适合。下页图中列出的镜头只是范例，它们绝不涵盖市面上所能见到的全部镜头。下页图中，左侧一列是变焦镜头，右侧一列是定焦镜头，你能看出两者之间有着明显区别。

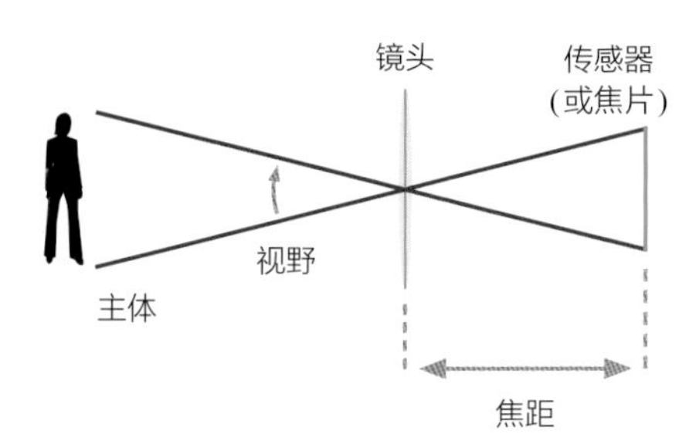

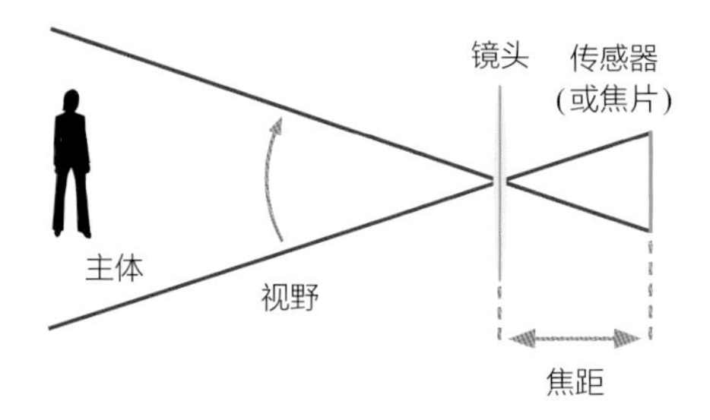

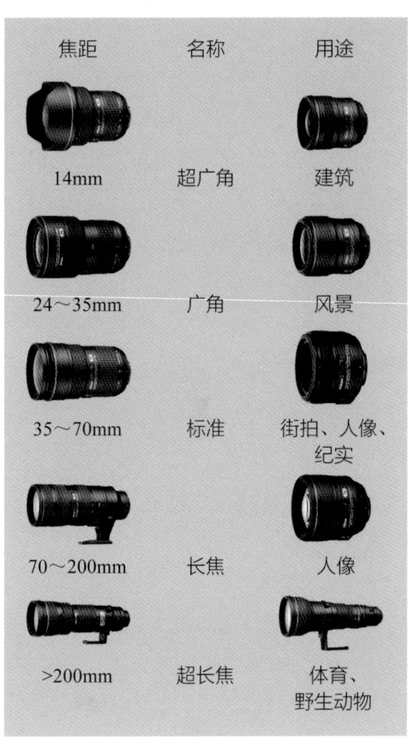

焦距	名称	用途
14mm	超广角	建筑
24～35mm	广角	风景
35～70mm	标准	街拍、人像、纪实
70～200mm	长焦	人像
>200mm	超长焦	体育、野生动物

广角镜头及其透视

广角镜头对透视的影响很大，常常会产生视觉上的变形。虽然观众无法实际接触到画面中的场景，去亲自感受其深度和广度，但是你可以通过使用广角镜头，用大视角捕捉场景，形成夸张的透视图来吸引他们。不过，问题来了，为什么会出现这种夸张的透视？如何利用这种夸张来增强效果？

从技术上讲，透视的变化是一个空间扭曲的问题，距离远近的变化比视角范围的变化对其影响更大。当然，这取决于你的视觉焦点是什么，以及画面中都有什么。如果你拍摄主体是悬崖峭壁，而且画面中所有的景物都离相机很远，没有任何前景，那么在透视上的影响就比较小。但是，如果你拍摄的画面中，有一些物体离相机较近，那么这些物体和远处的风景之间的空间就会被放大。另外，前景也会被明显放大，相较于远处的那些景物，前景会占据画面的大部分。这种效果可以暗示场景超出了画面范围，给观众一种身临其境的感觉。正是由于这个原因，广角镜头多用于新闻摄影或纪实摄影，它们在让观众感受到与场景的联系，给予观众参与感方面起着重要作用。用长焦镜头从街道的另一侧拍摄人群，可以传递一种冷静、置身事外的感觉，在这种照片中，你无法包含太多元素，它们也不会像广角镜头那样，将画面中间的物体向四周延伸。

平淡无奇的前景

用广角镜头拍摄的人像照中，拍摄主体的鼻子通常会看上去比实际更大，他们的下巴也会向前突出。这是因为，当你用广角镜头拍摄人物时会离他们很近。当物体靠近相机时，它们的尺寸会呈指数级放大。相较于脸部的其他区域，鼻子和下巴离相机更近，所以它们看上去更大，而耳朵就会变得更小。同样的效果也会使建筑的底部显得非常大，如果你从一个低角度近距离拍摄，整个建筑看上去就会高得离谱。为了拍摄到更大范围的场景而增加视野范围，夸张前景就会随之而生。但是，对建筑物来说效果好的东西并不一定也适用于人像，所以在用广角镜头拍摄人像的时候，要保持安全距离，而且要有环境背景。

封闭空间

如果你是在一个封闭空间内拍照，广角镜头能帮助你在不破坏墙壁的前提下，将相

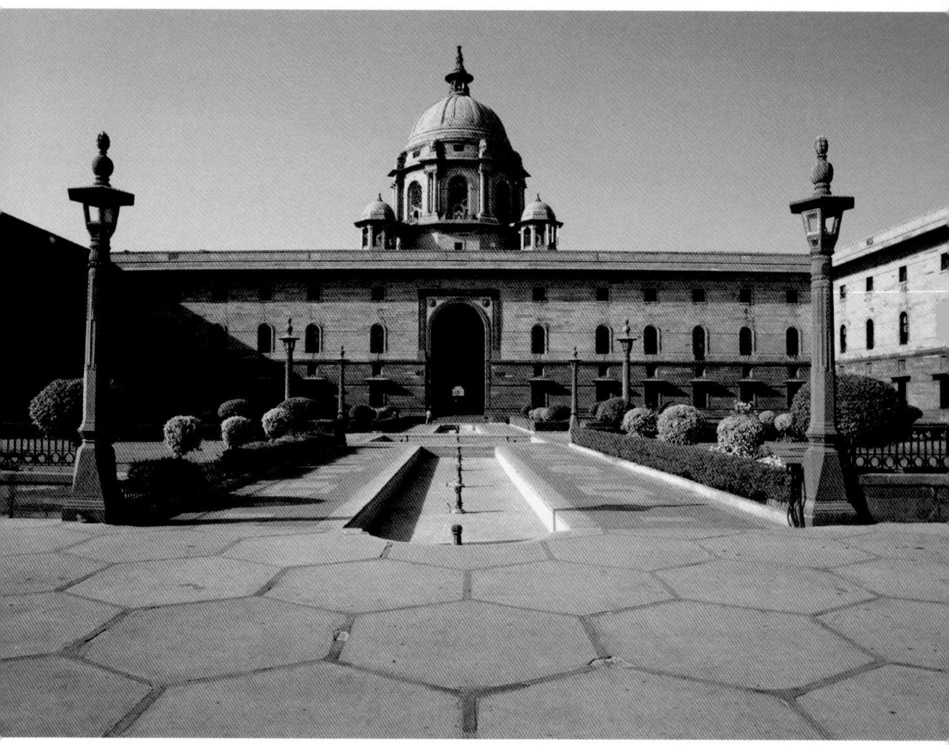

© NStanev

↑ **走进场景**

虽然最前面的灯柱距离相机只有几英尺远，但是石砖作为前景几乎占据了整个画面的三分之一。这样的效果就是，你好像身处其中，好像自己就站在这个庭院里，左右两侧还有建筑绵延开去。另外，请注意位于相机和院子尽头拱门之间的那几对灯柱间的距离。虽然中间那对灯柱与其前后两对灯柱的距离是完全一样的，但是看上去却好像离拱门一侧更近，因为前景部分被放大了，看上去增加了第一对灯柱和第二对灯柱间的距离

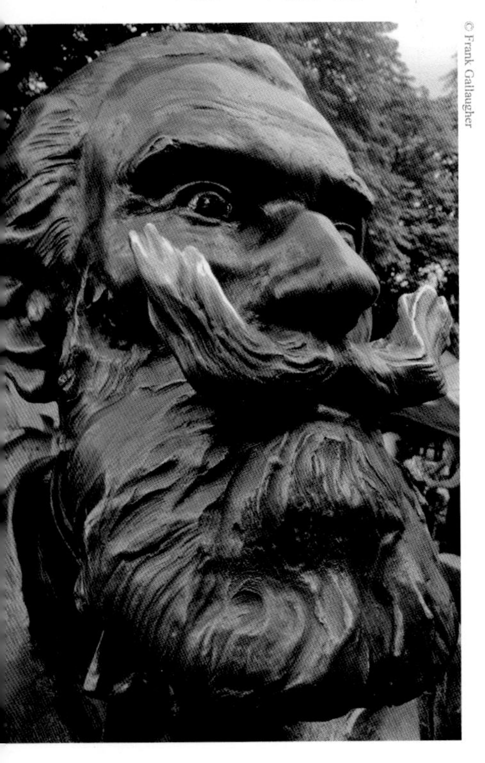

↑ **平淡无奇的肖像照**

是的，这尊雕像本身就有着夸张的大胡子，但是广角镜头进一步凸显了它的尺寸，让它看上去好像有头部其他部位的两倍大

→ **梯形修正**

右侧上图向我们展示了仰视角度拍摄时竖直平行线的透视改变会有多明显（这种效果又被称为梯形畸变）。经过后期处理（方法步骤是：滤镜 - 镜头校正 - 垂直透视工具），上图变为了右侧下图的样子，所有的竖直线都变为平行。但是这要求裁切掉顶部和两侧的多余区域

机前的所有物体纳入画面。而一般焦距和长焦镜头就做不到这一点。同时，广角镜头还能让室内空间看上去更开阔、更宽敞，所以它很适合用于拍摄室内景物。

竖直线向透视消失点汇聚

由于透视，不论你使用什么样的镜头，画面中的平行线都会向着消失点逐渐汇聚，不过，这种效果在广角镜头中更为明显。使用广角镜头时，微小的移动都会让消失点的位置出现较大的改变。要想解决这个问题，方法之一是把相机对准建筑物的正前方，然后在后期处理时将画面底部裁切掉。

FEESTLOKAAL VAN VOORUIT

FEESTLOKAAL VAN VOORUIT

长焦镜头

一般情况下，焦距在70mm-600mm范围内的镜头被称为长焦镜头。在这个范围很大的焦段内，随着焦距的增加画面效果的增幅却逐渐趋缓，这里不是指画面质量，而是视觉效果。焦距从18mm变到28mm，画面会呈现出极大的区别，但是同样相差10mm，从300mm增加到310mm，画面的变化几乎难以察觉。所以，制造商在生产镜头时倾向于从300mm直接跳到400mm，再到500mm。当人们提到长焦镜头时，就会不自觉地联想到野生动物摄影或体育摄影，因为长焦镜头可以放大远处的物体。但是，放大并不是长焦镜头唯一的功能。

空间压缩

长焦镜头的视野范围很窄，物体间的距离看上去会比实际要短，产成场景空间被压缩的效果。这很适合人像摄影，能够让拍摄主体脸部的每一部分以相同比例呈现，不会出现某个部位被放大的情况。较窄的视野范围也意味着会夸大背景，让背景比实际占据的面积要大，让背景中的景物看上去与前景中的差不多大。但是，按照透视规律，它们本应该比前景中的景物小一点。这被称为“空

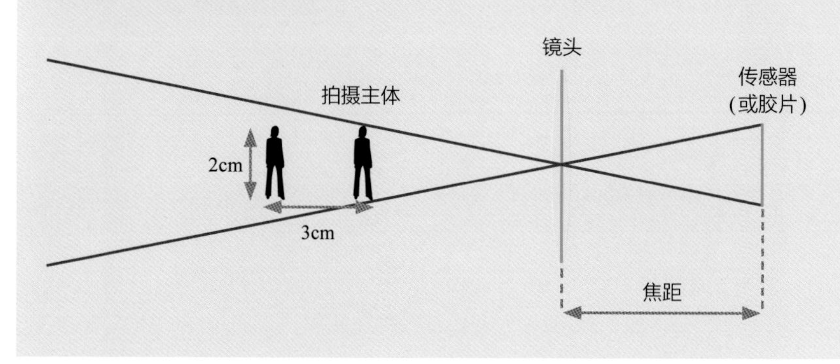

间压缩”。

镜头晃动

当你使用长焦镜头时要特别注意一点：相机的轻微晃动会被明显放大。这就会造成跑焦，出现画面模糊，而不是清晰的图像。而且长焦镜头往往很重，更容易晃动。最简单的解决方法是使用三脚架。如果这个方法不奏效，那就尽可能地提高快门速度。确定最低快门速度的一般法则是1除以焦距。比如，对于焦距200mm的镜头而言，最低快门速度是1/200秒；500mm镜头的快门速度不能低于1/500秒。也就是说，长焦镜头需要一个稳定功能来降低因晃动而造成的影响（又被称为减震、图像稳定，或其他名称）。虽然这些功能非常有效，但是最好还是尽可能保持高的快门速度，除非是在低光照条件下。而且，如果使用三脚架，请确保减震功能处在关闭状态，因为减震功能会过度补偿并导致画面模糊。

更长焦距—更多压缩

长焦镜头会让拍摄主体间的距离缩短，让前后景中的物体看上去一样大小

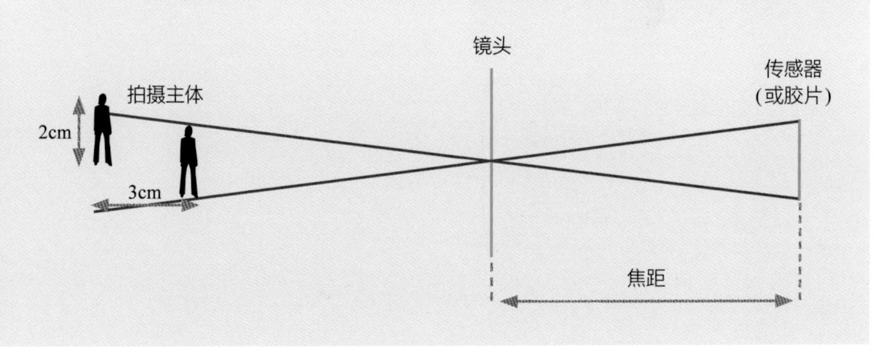

↑ **圣保罗教堂**

长焦镜头可以保留场景的尺度感：前景中的人物看上去较小，而背景中的教堂却显得很大

→ **向下拍摄**

从远处用长焦镜头俯拍街景，可以将场景中的所有景物纳入一个紧密的、压缩的构图内，再加上让道路纵贯整个画面的构图技巧，让观众能更强烈地感受到街道的熙熙攘攘

密度

长焦镜头会产生空间的压缩感，让拍摄主体在视觉上前移，还会让景物的相对大小趋于平均，加强场景的密度，让观众能够从画面上看到更多、更远的内容。你可以用长焦镜头来拍摄熙熙攘攘的街景，长焦镜头产生的空间压缩效果能更好地凸显车水马龙、人流如织。当你用长焦镜头拍摄花坛时，它会从视觉上减小前后景中花朵的大小差异，也会缩小花朵间的距离，让整个花坛看上去满是鲜花。

分层

长焦镜头为风景照的构图提供了更多可能性。它可以同时拍出清晰的前景、中景和背景，所以可以用来表现每个层次的重点。还可以凸显每个景物的外形和材质，让它们彼此间产生对比或呼应，形成夺人眼球的图案元素，进而形成有吸引力的风景照。

ONLY
BUS
FIRE
BUS

摇拍

↑ **向前的摇拍**

一旦你掌握了摇拍技巧，不仅能拍摄那些从左到右走过你面前的人，还能在其他场景运用这个技巧。当然，会有一点难度，但是我相信你可以做到，你只需让拍摄主体的一部分保持清晰，这样就能让效果更加明显

摇拍照片的特征是拍摄主体是清晰的，但背景是虚化的。与浅景深照片不同之处在于：摇拍照片的虚化背景会传达出一种动感，因为那是由于运动而形成的模糊。虚实的对比产生一种拍摄主体好像要跃出纸面的效果，因为他的运动方向与背景虚化的方向正相反。要想拍出这种效果，就需运用让相机镜头与拍摄对象保持几乎同速的跟踪拍摄手法，还要使用较低的快门速度，确保背景可以产生模糊，但是快门速度又不能过低，因为还需确保能够在拍摄主体快速移动出取景框前捕捉到他的清晰图像。最难的地方在于：得保持拍摄主体的位置不变。但是当曝光开始，就没法通过取景器观察拍摄主体，无法确定他是否固定待在画面上的同一位置。这需要不断练习，还需要强健有力的胳膊来拿稳相机。

快门速度

摇拍，需要相对较低的快门速度来虚化背景，给画面提供动感。将相机设置调整到Tv或S模式，快门速度设为大约1/30秒。可以先试拍一下，如果1/30秒太慢了，可以调快一些。快门速度越慢，背景越模糊，拍摄主体的动感越强。

拍摄主体

拍摄主体移动的速度越快，拍摄难度就越高。所以，当你想要拍摄从面前经过的自行车或者汽车时，最好站在街角拐弯处。

稳固

使用小型、轻便的镜头，将肘部夹紧靠住身体，两脚分开与肩同宽，左手托住镜头——这些都能增加拍摄时的稳定性。通常情况下，这些甚至比安装球形云台的三脚架更好用。如果你的镜头或相机有防抖功能，要么关掉它，要么将它切换到摇拍模式，不要让防抖功能影响你的拍摄。

构图

将拍摄主体置于画面中央——至少一开始这是最容易上手的。因为摇拍的目的就是表现场景的动感，所以如果观众能感受到活力和动态，那么就说明你成功了。当然，你会想要在保证背景能表现出动感的前提下，尽可能靠近拍摄主体，以便捕捉到他的更多细节。如果，相机的自动对焦速度够快，就完全没问题。另外，你需要手动预对焦——先对准某个和拍摄主体距你相同远近的物体进行对焦，半按下快门不松手，保持焦距不变，等拍摄主体出现在画面内再按下快门。

↓明显的拍摄主体

颜色鲜艳的景物更适合用摇拍的手法来拍摄，因为它们更容易从模糊的背景中跳脱出来。高饱和度和高清晰度结合在一起，就能产生更好的效果

技巧

首先选定从什么地方开始跟随拍摄主体，然后调整好相机参数，固定好相机，准备拍摄。转动身体，让镜头保持与拍摄主体的运动速度相同的速度移动，确保拍摄主体一直位于画面中央。使用取景器而不是液晶显示器，这样才能避免拍摄主体的运动和快门释放之间产生时间差（虽然这个时间极短）。当拍摄主体从你面前经过，按下快门，用镜头紧紧跟随他。即使快门已经关闭，镜头也不要停下，而是要继续跟随拍摄主体，直到他移动出画面。你练习的越多，就越能稳定地跟拍出移动的主体。

© Daniela Bowker

→ 街拍练习

首先确保你能够平行地移动相机，而且没有任何景物会干扰你的画面。你想要平滑地跟随拍摄主体，从他进入取景框范围，从你面前经过，再到离开。即使快门不能保持全程都开着，但镜头全程跟随拍摄主体能提高动作的流动感和延续性，将有利于更好地捕捉图像

动态模糊

虽然模糊可能是锐度的敌人，但它不一定是摄影的敌人。要想让人们接受这一观点，可能需要给他们一点时间去适应，因为锐度通常被视为摄影的必须要素之一。多数情况下，这是完全合乎逻辑的，但当涉及拍摄运动物体时，规则会有所改变。凝固某一瞬间不再是你必须做到的事情，因为运动不是瞬间的而是有时间延续的，是包含那个瞬间的一段时间，所以不是非得用清晰的、捕捉瞬间的画面来表现运动。相反，模糊可以表现时间的延续，在一张静止的画面上表现出时间流逝和运动。就像许多其他的创意摄影技巧一样，这种特殊技巧不论是否能够奏效，但至少都是为了以上目的。面对一张模糊的照片，观众很容易就能分辨出你是为了实现某种目的而刻意柔化，还是不小心跑焦了。

流水，特别是瀑布，是另一种常常采用模糊技术拍摄的主体，而且瀑布的流动方向比较容易预测。瀑布飞溅出的水雾，在阳光照耀下呈现出银光闪闪的样子。流动的水和不动的背景，在镜头下产生柔滑如丝与清晰锐利的鲜明对比。这个方法也适用于拍摄海浪。在使用这种方法时，三角架是必备的。

在拍摄舞者、音乐家以及其他表演艺术家时，也适合用模糊的技巧来表现他们的动感和魅力。艺术家们在表演时的动作、闪光

← **合适的快门速度**

快门速度越慢，水流的柔化效果就越明显。流水溅出的水雾会逐渐凝聚在一起，看起来像是有雾。应该使用什么速度的快门，取决于流水的速度，一般在2秒到1/8秒之间，这个区段范围内的快门速度，既能柔化水流，又能保留水流的形状

© Daniela Bowker

← 30秒的长曝光

这些分隔的、独立的蓝色亮点是急救车从桥下经过时，摄影师站在桥上拍摄到的

和颜色都会在模糊的照片中产生作用，可以凝固动作瞬间，描绘人物外形。在拍摄运动主体时，使用模糊技巧的关键在于，保留一些清晰的元素，与模糊区域形成对比。这样既可以凸显主题，又可以防止整个画面模糊一片。

长曝光

要想运用模糊技巧拍摄运动物体，除了这个物体必须真的在动，另一个要点就是快门速度。所以，将相机的曝光模式设置为手动或快门优先（Tv或S，不同的相机型号有不同的标识）。

至于快门速度应该是多少，并没有固定答案。快门越慢，物体移动速度越快，影像就越模糊。如果你想要用模糊技巧拍摄蜗牛爬行，那么可能就需要长达几秒的快门速度，至少要比拍摄模糊的汽车长很多。拍摄汽车的运动模糊可能只需要十分之几秒。说实话，这就是一个在不断尝试中发现最佳答案的过程。

如果为了更明显的模糊效果，而使用过长的曝光时间，就可能产生过曝。即使你使用的是小光圈，但我还是建议你在镜头前加上一片中性密度滤镜。这种滤镜可以降低进入镜头的光线强度，避免过曝，同时不会对颜色产生任何影响。特别是在光线强烈的环境下，中性密度滤镜会起到重要作用，即便

← ND滤镜

中性密度（ND）滤镜有多种密度可供选择，而且可以叠加在一起使用以增加强度，进一步过滤光线，减少到达传感器的光线量。不过这可能会影响画面质量，即使是高品质的滤镜也可能会有一定程度的影响。另外，还有一种渐变ND滤镜，就像偏光镜一样旋转到不同角度有不同的透光率（见第113页），你可以根据需要调整角度。一些相机的自带镜头也有内置的ND滤镜功能，让你能在强光环境下使用大光圈

不能保证长曝光达到你想要的效果，至少也可以增大光圈和快门的可用范围。当你想要拍出某种特殊效果，需要使用大光圈时，如果在镜头前加上这种滤镜，就可以降低快门速度。

动态模糊和拍虚了这两者之间是有一些差别的，一个是有意为之，一个是不小心导致的错误。拍摄动态模糊照片时，快门打开相对较长的时间来捕捉拍摄主体的动作。但是，如果相机不够稳固，在这段时间内产生晃动，那么照片就会变模糊。要想避免这种情况，最简单的方法就是使用三脚架。不过，也要视情况而定，如果你所在的拍摄位置不适合使用三脚架，也可以使用一些工具或将相机放在某个平面上。

→ 只有一点模糊

在一张照片上，既有清晰的面部或其他身体部位，又有动态模糊，才能更好地凸显动态模糊的效果。清晰与模糊，这两者通过互相衬托，凸显对方的特性

挑战：

通过模糊表现动感

在画面中营造动感，可以增强故事性，增添活力。这个技巧的关键是有控制的制造模糊，让观众知道你是有意为之。通过模糊确实可以表现动感，但这并不意味着要让画面一团模糊，没有明显主体。所以，你既要考虑快门速度，又要考虑曝光。想要表现动感，模糊就需要有方向性，所以你还需要考虑模糊的方向和流动感。最后一点也很重要，要注意引导线和拍照方向。

↓ **有活力的城市**
街景充满活力和动感，用这种将行人模糊化的方式更能突显其动态

→ **充满激情和活力**

当一位运动员在跑道上奔跑，或者一名舞者在舞台上翩翩起舞，很适合用一些控制良好的运动模糊来表现他们的动作

挑战清单

→ 看看在不同的快门速度下会产生什么样的动态模糊。

→ 注意不要过曝。

→ 仔细设计构图。

→ 使用三脚架或其他稳定装置，确保画面中的模糊来自于拍摄主体的运动，而不是相机的晃动。

第 4 章 后期处理

本章内容：后期处理

对于数码摄影的后期处理，人们表现出截然不同的两种态度。有人认为：摄影就要完全忠实于现实，要原封不动地复制拍摄主体，任何偏离和改动都是欺骗行为；也有人认为：现实所能展现的内容是有限的，你可以天马行空恣意创作。通常，真理介于两者之间。首先，这世上没有完全忠实于原物的复制品——拍摄过程，就是将原物的光学影像转换为电子数字信息，然后再将这些信息以平面图像的形式展现。在这个过程中，必然会产生一定差别。另一方面，对图像进行越多的后期处理，特别是当你给画面添加特殊效果或者添加原始场景中不存在的元素，就越容易越过摄影作品和数字艺术中间的那条界限，你的作品不再是一副照片，而更偏向于用电脑画的画。这一章涵盖了很多内容，从关于后期处理的概述到目前摄影师通常会用到的后期处理方法。这些处理方法介于上面提到的两种极端情况之间，能够确保你的摄影作品既不是原封不动的照搬原物，也不是过度处理以至于不再属于照片。这些后期处理技巧只是用来优化照片，让照片中潜藏的美进一步凸显出来。这一章里介绍的技巧多数以开放式的方式结尾，你可以用富有创意的方法使用它们，比如：将多张照片叠加合成为一张；去掉画面上不想要的景物；把数张照片拼接成全景照……

本章介绍的后期处理技巧中有一些可以帮你强化个人摄影风格，建立自己习惯的工作流程，但也有一些可能无法起到这些作用。但是，不管怎样，我们都希望这里提到的所有技巧是你所需要的或者渴望的，并希望你能够了解、熟悉它们，以便在你需要时能够用得到它们，让你在处理每张照片时做出正确的决策。

数码摄影的工作流程

在我们详细介绍后期处理技巧和工具之前，需要先花点时间，好好聊一聊后期处理的工作流程。因为在对照片进行数码处理前知道画面中的哪些地方需要调整，哪些地方不用动，将对你大有裨益。在数码摄影中，“工作流程”通常指的就是制作数码照片的整个过程——从捕捉到导入，从管理到预览，从RAW处理到后期处理，从发送到备份。如果你不熟悉以上这些名词，那么我来用更通俗的方法解释一下吧：捕捉就是指拍摄照片；导入是指将图像文件从相机传输到电脑上；管理和预览是指创建合适的文件夹、排序、选择；RAW处理和后期处理是指优化图像，让它们尽可能更好；发送的目的主要是为打印或在屏幕上查看做好准备；备份是为了安全地存储图像。虽然工作流程没有定式，也没有任何一个工作流程可以适用所有类型的照片，但是想要完成好一幅摄影作品，对工作流程的深思熟虑必不可少。

在以上讲到的工作流程中，有两个是关于数码照片的处理的，它们是RAW处理和后期处理。RAW处理基本是指RAW格式图像被导入电脑后，对它所进行的所有优化处理。后期处理则是指RAW格式图像被另存为TIFF或JPEG格式图像后进行的所有优化处理。也就是说，RAW处理是针对RAW格式图像，而后期处理是针对TIFF或JPEG格式图像。当然，具体名称与你所使用的软件有关，不同的软件可能会有另外的叫法。

RAW格式

想要了解RAW处理，你首先需要知道“RAW格式”。RAW格式是指原始文件格式，也就是未处理文件格式。在所有单反相机和多数卡片相机上都有RAW格式功能。用RAW格式拍摄的好处是能保留所有数字信息，但同时也意味着占用较大内存。不像JPEG格式那样，被相机自动处理，只保留下部分数字信息。RAW格式图像中的数字

数字摄影工作流程 | 拍摄 → 导入 → 管理和预览 →

信息从相机里导入电脑后，你就可以用电脑上那些功能更强大、调整范围更广的软件来手动处理照片，优化色彩、锐化细节、降低色差……在具有挑战性的光照条件下拍摄照片，尤其适合选用RAW格式。当然，你也可以对JPEG格式文件进行处理，而且多数情况下，效果也不错。但是对于某些棘手情况，你就需要更多数字信息来处理照片，获得更佳的效果。

近些年来，随着RAW处理软件的迅猛发展，RAW处理甚至可以在拍摄的初始阶段完成处理，不像以前只能在工作流程的最后阶段进行。用RAW格式处理的优点是：当调整曝光或色彩时，你有最大的自由空间，而且RAW处理是无破坏性的。虽然照片看上去发生了改变，但实际上这些改变只是叠加在原始图像数据上的，照片的原始数字信息并未被改变，你随时可以将照片恢复到原始状态。而后期处理软件，比如Photoshop或者PaintShop Pro，在改变照片的色调和色彩时，会损坏原始信息，一旦保存了就无法再恢复到最初的样子。

所以，尽可能在RAW处理中对照片进行优化是个不错的选择。不过，我们也会逐渐发现RAW处理不是无所不能的，它也有缺陷，所以也需要使用后期处理软件进行RAW处理。考虑到这两个优化方法之间的区别，本章第一节选择介绍RAW处理的工具和技巧，而后期处理将放在后面的文章中，着重介绍只有后期处理软件才能实现的功能。

RAW处理 ➔ 后期处理 ➔ 发送 ➔ 备份

优化和增强

美化照片的过程就是结合你的设计目标让照片呈现出最佳效果。比如：你拍摄了一张照片，如果想要挂在网上，那就需要在处理照片时，既保证画质不受影响，又尽量压缩照片的大小。但是如果你想要将它打印成13英尺 × 19英尺大小的照片挂在墙上，那么最重要的就是确保画质，细节要清晰、色彩要准确，为了达到这个目标，文件大一点也没关系。

不论什么情况下，当你开始拍摄RAW格式照片，肯定都会想要先用RAW处理软件来美化图像。哪怕你只需要JPEG格式并进行一些简单的基础调整，如调整颜色、饱和度和对比度，那么大多数RAW处理器就能做到。

但是，如果你想要给照片添加更多创意处理，那么就需要用到后期处理软件，比如Photoshop。也就是说，如果你有更进一步的艺术追求，想在简单美化和输出照片之外有更深入的处理，肯定需要一个基本的处理软件。去掉不想要的景物、加入一些新元素、创作双重曝光、重新构图、添加文字等等都需要用后期处理软件才行。

© Danilovi

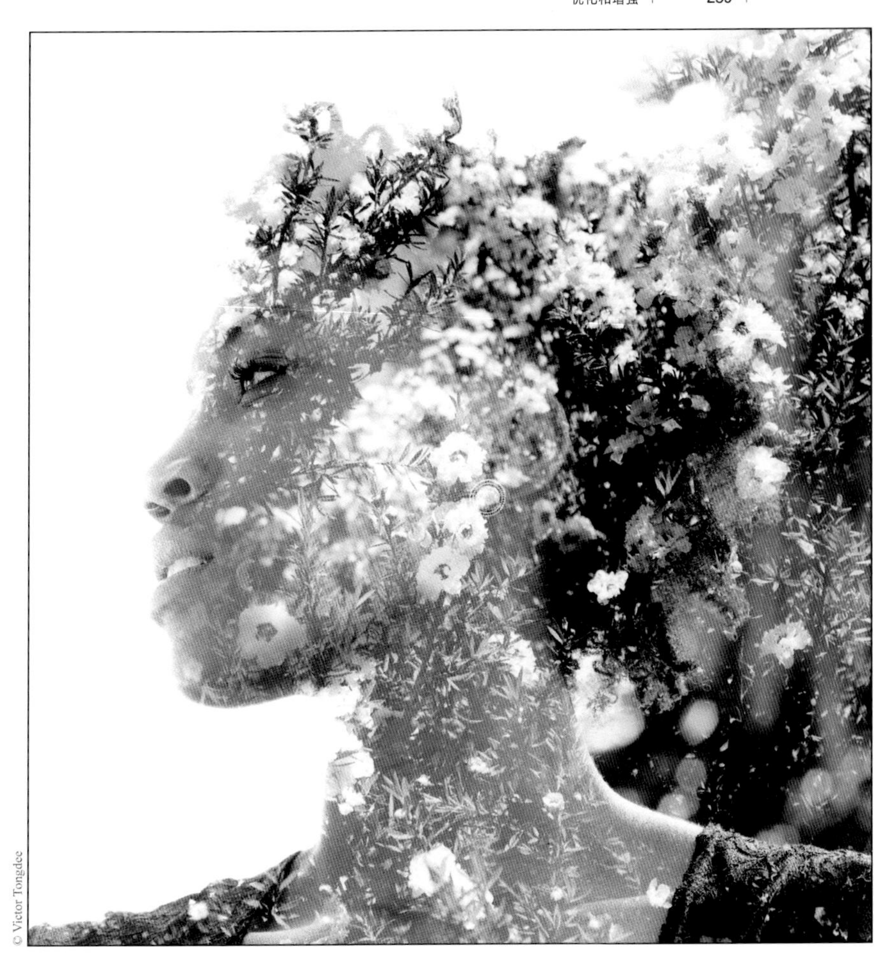

← 美化

这张关于菲律宾艾尔尼多湖的照片是用RAW格式拍摄，然后用Lightroom处理的。只轻微调整了冷色调的白平衡，以此来增强蓝色和绿色

↑ 增强

这张双重曝光照片是用Photoshop制作而成的，将两张JPEG照片上下叠加，选用混合模式，合成一张全新的、富有艺术感的照片

RAW格式处理软件

随着相机传感器和单反相机上摄像功能的进步和发展，数码摄影中的另一个重大进展也出现了——那就是RAW处理软件的发展。

早期的RAW处理软件，比如Adobe Camera Raw（ACR）的第一个版本（只是2002年推出的Photoshop7.0.1中的一个插件），并没能在调整RAW格式文件方面提供很多功能。虽然可以调整曝光、白平衡、色彩等，但是锐化、降噪、纠正色差等功能还很不完善，而更高阶的镜头校正、调整笔刷、污点去除等功能甚至还未出现。

随着计算机软件业的发展，Adobe、Apple、Phase One等公司不遗余力地开发能够进行更广泛调整的RAW处理软件，它才开始逐渐显露出自身的真正价值。像Nikon、Canon这样的相机制造厂商也不断研发专门适用于自家产品的RAW处理软件，购买相机时附赠的驱动光盘上通常就有这些软件程序。

如今，RAW处理软件已经更迭了很多代。随着软件业的发展，可以在RAW处理阶段完成越来越多的图像处理任务。锐化、降噪、镜头纠正等强大的功能逐步出现，再加上局部调整功能的出现，比如污点去除、可编辑的调整画笔等功能，几乎让后期处理软件在某些类型的摄影中没有了用武之地。很多专业摄影师，特别是婚礼或体育摄影师，由于需要拍摄并处理大量照片，通常只使用RAW处理软件。不过，其他类型的摄影或者为了某种特殊任务的摄影，依然需要使用像Photoshop或PaintShop Pro这样的后期处理软件，这些我们将在下文中详述。

随着RAW处理软件功能的不断强大，软件开发人员还利用这个机会完善了数码摄影工作流程的程序。对于婚礼或体育摄影师来说，完成作品所需要的每个步骤，从导入到筛选再到美化和输出，都可以在同一个软件程序中完成。

Adobe公司的Lightroom很好地诠释了这一点。这个软件有七个模块，包括：图库、修改照片、地图、画册、幻灯片放映、打印和Web。图库模块负责照片导入和管理。修改照片模块负责优化、美化。地图模块负责在照片上标记地理位置。在画册模块中，可以根据需要创建、制造和订购相册。在幻灯片放映模式中，可以创建演示文稿、添加水印和音乐，以及制作JPEG、PDF或视频。在打印和Web模块，可以根据你自己的需要选

↑ **Adobe Camera RAW (ACR)**

这个处理程序是Photoshop的一个插件，它在处理RAW格式图片方面具有强大功能。它的功能几乎与Lightroom完全相同，只是界面有所不同。作为一个插件，它与Photoshop软件的兼容度非常高，可以流畅使用，无缝对接

↑ **Lightroom中的图库模块**

这个模块类似于专用的图像数据库。在这个模块中，你可以查看、对比、排序、管理，也可以给照片添加标题和关键词，还可以查看内嵌在图片中的EXIF数据

择不同的输出方式。这些设置不是Lightroom独有的，其他的RAW处理软件也有相似的功能，它们通常被称为“工作流程软件”。

鉴于在工作流程中RAW处理软件的重要性，多数RAW处理软件都设计了相应模块来引导用户完成整个过程。例如，在Lightroom中有7个模块，而另一款常用的RAW处理软件——飞思（Phase One）公司的Capture One虽然有相似的功能，但是模块要少一些。暂时忽略这些细节不谈，软件中加入这些模块的主要目的是组织、编辑和共享。

数码摄影工作流程是从导入开始的，方法很简单：将相机或存储卡与电脑连接，启动软件——一般使用RAW处理软件，根据提示导入照片即可。在这一步骤中，可以创建文件夹来存放照片，还可以添加关键词、应用预设或自定义设置以及嵌入元数据（包括摄影师、拍摄地点、版权声明等信息）。养成在导入阶段创建文件夹、添加关键词、嵌入元数据的习惯有助于你条理清楚地管理图片，便于日后查找。等照片导入到图库后，通过快速浏览、收藏、排名或删除照片，选出你喜欢的、想保留的照片。然后再根据这些照片的特性添加关键词。如果你想要通过图片库网页售卖照片，那么关键词是必不可少的，人们可以通过关键词找到你的照片。

修改照片

在Lightroom中，所有的照片都在“修改照片”模块中完成美化调整。“修改照片”模块包括四个主要区域。左下侧是预设列表，列表中有各种各样的预设，包括：黑白预设、分离色调预设、颜色预设等等。只需轻轻一点，就可以将这些预设应用到照片上。在“预设”下方是“快照”功能，它可以记录下你对某张照片的处理动作，并将这些动作应用到其他照片中。“快照”下面是“历史记录”功能，这个面板下记录着你对选中照片所做的每一项编辑动作。你可以回看之前的编辑，也可以点击某个动作撤销这个动作之后的编辑，让照片恢复到完成那个动作时的显示效果。

界面中央是图像查看区域，在这里可以实时查看照片的处理效果。每当你应用一个编辑动作，这里显示的图像都会更新，显示出动作应用后的效果。还可以点击主视图下方的图标，切换各种修改前和修改后视图。

界面右侧有许多工具，这个我们将在下文中做详细介绍。需要特别注意的是：这些工具是成组的，并且分成不同的板块，每个板块负责编辑处理中的一个特殊方面，比如：色调、颜色、锐化等。就像Lightroom中的

↑修改前和修改后

主视图，也就是图像查看区域下方有一个“切换修改前和修改后试图”的图标，点击它，你可以对比查看修改后照片与修改前的区别

其他功能一样，这些板块也可以展开或收起，只需点击板块名称旁的小三角即可。

在主视图——图片查看区域的下方是图片列表。这里显示着选中文件夹中的所有照片，每张照片都以拇指盖大小的预览图呈现。在图库、修改照片、地图等7个模块中都有这个图片列表，这样你在想要访问照片时就不用每次都返回到图库中去查找。这7个模块的界面布局基本相同，主视图两侧是编辑面板，下面是图片列表。虽然我们只介绍了Lightroom设置中的一些细节，但其他RAW处理软件的界面布局与Lightroom基本相似，所以就不赘述了。

RAW处理工具

通过下文中介绍的两个例子，你可以了解到多数RAW处理软件中工具面板相同和不同之处。独立的面板都有自己易于识别的名称，比如：曝光、细节、镜头校正等。点击名称旁的三角，可以展开这些面板，每个面板内有许多滑块，每个滑块都有其独特作用。有的滑块只需看其名称就可以知道它的作用，比如：曝光或对比度；但有的只看名称，无法一下子知道它的功能，需要通过实验和观察才能了解。因为，不同于其他后期处理软件，RAW处理软件是以摄影师为主要受众而设计的，面板和滑块都与特定的数码摄影问题密切相关，这也是RAW处理软件如此简单易懂的原因之一。

在多数RAW处理软件中，可以实时预览滑块调整的效果。也就是说，图像会随着滑块的滑动实时变化。所以你可以准确获得自己想要的效果，而不需要反复试验。虽然实时预览不是RAW处理软件所独有的，但是这个功能还是很有效地提高了使用的便捷性和软件的友好度。

除了用滑块进行调整，还可以通过在滑块旁边的空格内输入数值来调整。一开始你不太可能用这种方法做很多调整处理，但当你想在两张照片中复制同一个参数时，这个功能就可以大显身手了。

当你读完这章，就会了解每个控制滑块的作用。随着时间的推移，你会发现有一些面板和调整工具是常用的，而也有一些几乎不会被用到。

键盘快捷键

几乎所有的电脑程序都有键盘快捷键，它们可以代替用鼠标点击屏幕上菜单和指令，RAW处理软件也不例外。当你熟悉自己所用的程序后，就会发现需要学习更多的快捷键，因为它们可以帮助你提高工作效率。不过，暂时需要记住的快捷键是Ctrl/Cmd + Z，它是最重要的。你还不知道它的作用？它就是多数程序里的“撤销”。当你犯了错误，点击Ctrl/Cmd + Z可以帮你后退，撤销之前的错误操作。

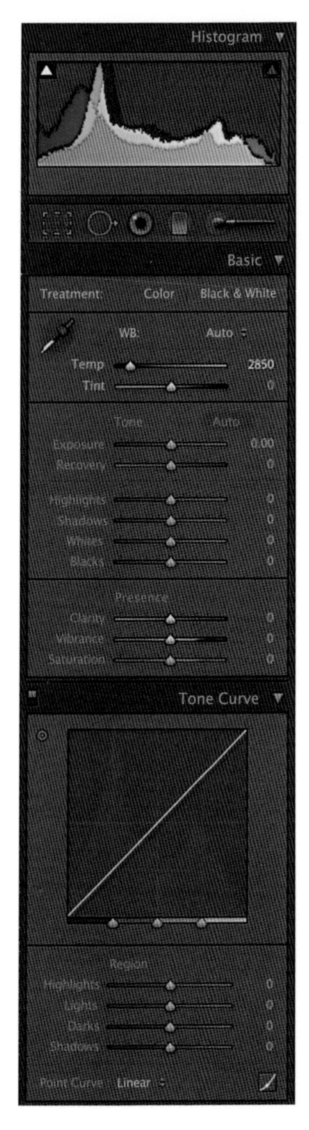

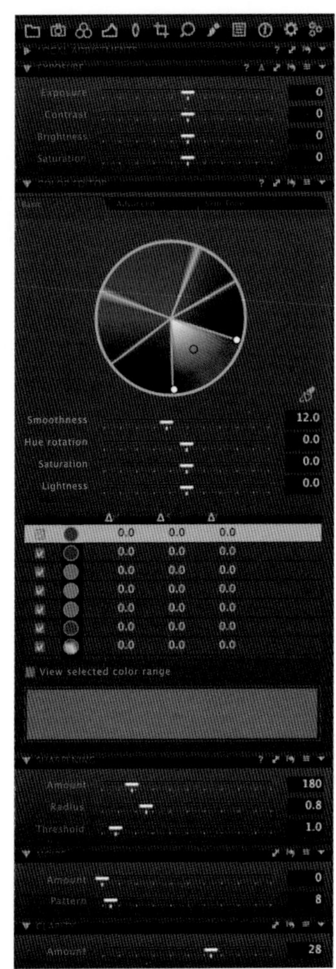

← Capture One

虽然Phase One主要面向中高端相机使用者，但他们也研发了一个令人印象深刻的RAW处理软件，名为Capture One，在多数情况下，它与其他软件一样强大

← Lightroom

左图中可以看到很多在RAW处理软件中常见的工具，其中一些甚至在不同的软件中以相同的顺序排列。这里展示的是Lightroom的工具栏，每个面板都可以收起，便于滚动浏览所有工具和滑块

后期处理软件

第一款后期处理软件是Adobe公司的Photoshop，它和之后的诸多程序最初是为了处理普通的图形。作为一款图形处理程序，Photoshop可以通过路径、画笔和形状，以及文字等工具创建和控制矢量图形。不过，随着数码摄影的发展，它也逐渐具有了位图（由像素组成的图像）处理功能。软件公司开始研发适合摄影师使用的工具，比如修复和污点去除等。

不过，不同于RAW处理软件，后期处理软件并不是专门只针对摄影师的，Photoshop有更广泛的受众。事实上，Photoshop中的很多功能对于摄影师而言没什么作用。但是，我们不能轻视这款受到众多专家和业余爱好者喜爱的软件，当然，不只是Photoshop，Elements、PaintShop Pro和其他很多后期处理软件都具有强大的功能，多种多样的工具。可以手动改变图像上每个像素的能力给我们提供了强大的控制力。这些强有力且丰富的功能，比如图层、调整图层、蒙版、通道、滤镜等等，让我们有足够机会和能力创造出超乎想象的图像效果。对于专业摄影师而言，尤其是时尚摄影师或产品摄影师，掌握熟练运用这些功能进行后期处理的技术是不可或缺的。对于这些专业人士而言，RAW处理软件无法提供如此丰富、多功能的工具。

在工作流程方面，像Photoshop这样的复杂程序是无法与RAW流程相比较的。不过，为了解决这一问题，Photoshop中附赠了一款专用浏览器——Bridge，它堪称一款完美的图形管理器，而且从Bridge可以直接进入Photoshop。Elements和PaintShop Pro不像Photoshop那么复杂，因为经过一段时间的重新设计，它们考虑到了工作流程。Elements具有独立的模块，包括：管理、修复、创建、分享。PaintShop Pro具有相似的模式，包括：管理、调整、编辑等模块。

你需要什么样的软件?

那么，你到底需要使用哪款软件呢？这取决于处理照片的数量、照片的类型和你需要的功能。大多数专业摄影师既使用RAW处理软件，也使用后期处理软件。如果你选择Adobe旗下的产品，就会出现这种情况，因为Photoshop或Lightroom可以同时访问这两类软件。也就是说，对于大多数业务爱好者而言，可能只用其中一类就行。如果你拍摄了大量照片，却不想花费太多时间来处理它

↑ **Adobe Photoshop**

Photoshop已经从一个主要用于处理图形的程序发展成为一个综合的后期处理程序

↗ **Corel PaintShop Pro**

虽然Adobe的产品在后期处理方面占有主导地位，但是其他公司也有一些可替代它的竞争产品，PaintShop Pro就是其中一个。它几乎与Photoshop同时上市。PaintShop Pro具有管理、调整和编辑模块

↑ **Elements**

虽然Elements的功能没有Photoshop那么全面，但是它提供了摄影师常用的多数功能，而且也具有完整的工作流程设置

们，或者不需要添加文字或特殊效果，那么RAW处理软件就足够了，它们一般比后期处理软件更简便、处理速度更快，而且更擅长创建图像库。要记住，虽然它们叫作RAW处理软件，但是你也可以用它们处理JPEG和TIFF格式图像，唯一的区别是无法获得像RAW格式一样的准确数据。不过，如果你喜欢深度处理图像，比如添加来自于其他照片的元素，添加文字或添加特殊效果，那么就需要后期处理软件了，因为RAW处理软件不能完成这些任务。就像RAW处理软件可以处理JPEG或TIFF一样，大多数后处理软件也

可以在RAW格式图像转换为TIFF或JPEG之前对其进行一定程度的处理。

在后期处理软件中，Photoshop是毋庸置疑的王者，它是第一个真正在全球具有影响力的软件，其他程序多数都是在模仿它，不论是工具、功能、菜单，还是结构和指令。基于这个原因，本书中关于后期处理的术语基本上都是以Photoshop为标准的，如果你使用的是其他软件，那就需要弄清楚我提到的是哪个工具或菜单。只要你掌握了Photoshop，那么也就可以轻松学会使用其他相似的后期处理软件。

Photoshop虽然在后期处理方面具有举足轻重的地位，但是在工作流程方面，却存在明显欠缺（当然，它也从来没想在这方面成为第一）。在研发出Bridge插件前，Photoshop根本没有浏览器或图像管理器。即使现在，与RAW处理软件相比，在Bridge和Photoshop之间来回切换依旧显得低效、繁琐。

在工作流程方面，Elements或PaintShop Pro虽然功能不太强大，但还算得上是令人满意的程序，当然这主要是针对业余摄影师而言的。它们模拟RAW处理软件的模式，具有管理、编辑、分享等独立的模块。虽然在不同的模块间切换无法做到像在RAW处理软件中那样无缝对接，不过你可以拥有创建、编辑和分享所需的所有工具。

接下来，我们聊聊后期处理软件的主要处理界面。使用RAW处理软件时，你可以在短时间内掌握它，也就是可以在相对较短的时间内找到适合自己的操作方法，但是使用像Photoshop这样的后期处理软件时，如果没有指导或介绍就很容易精神崩溃。所以从像Elements这样的消费者版本开始学习，有助于你更快掌握。现在，Photoshop中还添加了工具提示功能，将鼠标停留在工具图标上时，会弹出简短的教学视频。Photoshop的主工作区相对来说比较简洁，但是从另一方面看，这也掩盖了软件附带的诸多复杂的工具。下文中图片上显示的分别是Photoshop和PaintShop Pro编辑工作区，向我们展示了它们之间的相似性。

← **Photoshop和PaintShop Pro**

这两款软件有很多相似的地方。主工具栏都位于界面左侧，右侧都是一系列功能板块，板块中最主要的功能是图层

← **Adobe Bridge**

你可以自定义主界面。既可以让它展示各种附加信息，也可以清除图像缩略图以外的所有内容，获得一个清爽整洁的界面

旋转和裁剪

在进行后期处理之前，你要做的第一件事情就是看看画面是否横平竖直。在下面这张照片中，歪斜的情况不是很严重，但如果画面中有明显的水平线或竖直线，你就要确保画框与这些线条对齐。

裁剪基本上是去掉画面中不想保留的部分，这个任务很简单，但却是让照片提高吸引力的有效方法之一。

↓ Lightroom中的裁剪面板

这个面板在修改照片模块中，位于直方图下方。单击虚线矩形（或按R键），可以显示出与裁剪覆盖功能相关的各种工具

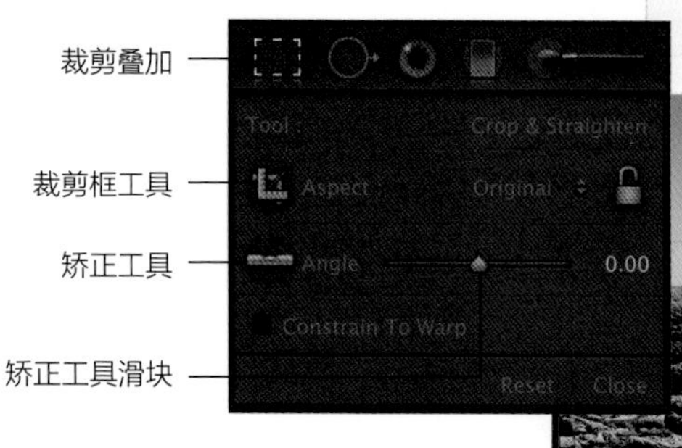

→ 叠加网格

选择裁剪模式后，可以在照片上叠加一个网格。在图像的四角和每边的中心都有可以控制边框的控制柄

当我们取景时，一般都会考虑构图，但有时因为时间紧迫，我们来不及仔细构图，只能抓拍，等到后期处理时才从电脑显示器上看出构图存在的问题，这时就需要进行裁

↓ 网格选项

除了下图中我们所选用的三分法则，网格选项中还有其他许多选项，包括：对角线、三角形、黄金分割、黄金螺线等，所有选项都能帮助你构图。不过它们都是固定公式，不一定完全适用于你想要的实际效果

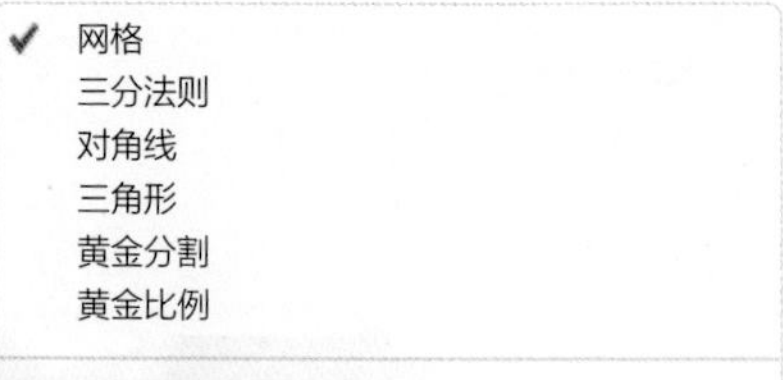

剪。还有另一种情况下也会用到裁剪，那就是：你想试试看其他的构图方式是否具有更好的效果。

裁剪还可以用来改变图像大小和形状。比如要求最终的图像是正方形，那么你就需要将照片裁剪一下。

↑↗→ **旋转选项**

有很多种方法都可以旋转图像。如果你将光标放在边框四角的控制柄附近，光标会变成双向箭头，向上或向下移动光标，图像就会随之旋转。不过，更精准的方法是选用拉直工具。在照片上，沿着水平线方向画一条横线作为参照物，一旦你画好线并松开鼠标左键，图像就会自动旋转。不过要注意，这时的图像为了完成旋转会自动裁剪掉一部分画面

© Steve Luck

↑ **裁剪掉干扰部分**

为了提高画面的整洁度，改善裁剪效果，可以将三分法则网格左侧的控制点向右侧拖动，这样就可以裁剪掉画面边缘分散注意力的树，同时让保留下来的画面符合三分法则。然后将上边框的控制点向下拖动，让海平面位于画面中间，使最终的图像具有更好的平衡感

选择白平衡

我们都知道随着一天内时间的推移，日光的颜色会发生改变，从日出时的桔色调变为晌午时的蓝白色调，日落时分再重新变回暖色调。但是光线的色温同时也受到大气层（比如云）的影响，甚至会受到人造光源（比如路灯或灯泡）的影响。

为了确保白色物体显色正确，相机针对不同的环境色温有多种白平衡设置，包括：日光、多云、阴天、钨丝灯、荧光灯、闪光灯等等。事实上，即使只使用自动白平衡，多数相机也能有不错的表现。不过，现实情况中我们在拍摄时，经常会遇到复杂的光线环境，这会影响相机的判断。比如，场景中既有自然光又有人造光，这会导致画面显示出奇怪的颜色。

↓改变不够蓝的天空

虽然这张希腊修道院照片中的光线（日光）是中性的，没有混杂其他颜色，但相机的自动设置产生了一个略带橙色的图像。天空没有它本身那么蓝，整体效果显得有些暗淡

→中性色的目标

用滴管工具点击画面上中性灰颜色，可以让红、绿、蓝色的颜色值尽可能准确，减少色差，确保显色正确

↓↘ 创意白平衡

你可以通过使用白平衡来进行创意处理，故意让画面上显示的颜色偏离它们本身的颜色。白平衡本就带有主观性，没有所谓的正确与否，所以调整白平衡滑块来让画面偏冷色调或暖色调都可以

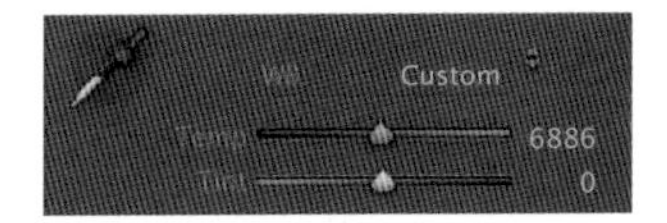

© Steve Luck

用RAW格式拍摄照片，可以让你在调整白平衡时具有最大的自由度。在RAW格式下，不论相机拍摄时使用什么样的白平衡设置，都可以通过处理软件改变白平衡，而不会影响画质。

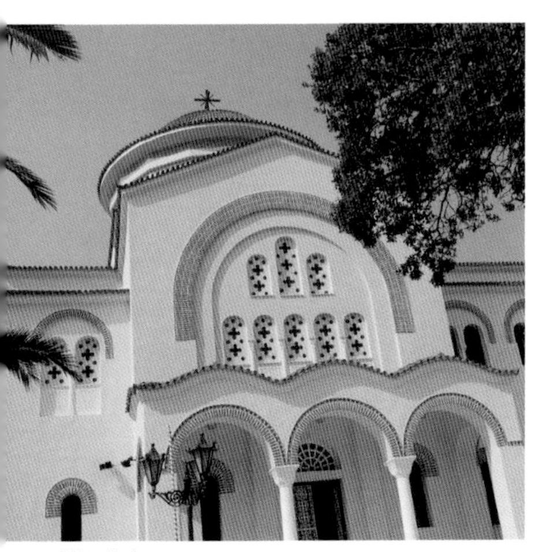

© Steve Luck

← 重现蓝天

当你选择中性灰区域，后期处理软件会自动调整画面中的色彩，降低画面中橘色光线对白平衡的影响，让颜色接近于物体本身的色彩。

但是不要选择过白或过亮的区域，那样会导致某个颜色通道发生溢出（也就是这个颜色的区域会失去细节），白平衡也会不准确，进而致使颜色调整不准确。

如果由于某些原因，使用滴管后不能产生让你满意的效果，那么可以使用RAW处理软件中的色温和色调滑块来手动调整白平衡。RAW处理软件甚至还有一些预设，提供你想要的效果

调整曝光和对比度

用RAW格式拍摄和处理的好处有很多，其中最重要的一个是可以自由调整参数，曝光就是其中之一。多数情况下，可以将曝光增加和降低两挡左右，也就是总共可以在四挡范围内调整，超出这个范围就会一定程度上影响到画质了。在RAW处理软件中，调整曝光的方法很简单，只需移动曝光滑块。特别是Lightroom中调整笔刷的出现，让曝光调整更加智能——可以在不改变整幅图像曝光值的前提下，只调整画面中某一部分的曝光。

不过，为了确保画面有完整的色调，保持最多的细节，曝光中也会有一些潜在问题（当然，RAW处理软件和后期处理软件都可

© Steve Luck

↑ **大面积欠曝**

在室外斑驳的光线下拍摄时，按照相机自动计算的曝光值，虽然确保了画面中最重要的元素——吉他手的脸部曝光准确，但同时也导致其他部分欠曝

↑ **整体增加曝光**

使用RAW处理软件中的曝光调整工具，我们可以将整幅照片的曝光值增加两挡。这样，整个画面都变亮了，但是脸部看上去有一点过曝

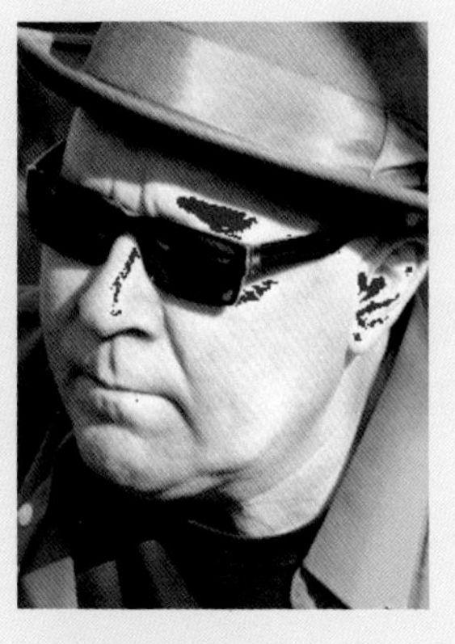

↑ **高光溢出提醒**

激活此项功能后，它可以向你展示吉他手脸部的部分区域已经出现高光溢出，这一区域失去了细节，变成了纯白色。如果想要让图像有更好的效果，我们必须解决这个问题

以处理这些问题）。首先，你需要避免高光溢出（即画面中的明亮区域失去细节）。当高光过亮时，画面会显得死板。阴影也一样，如果过暗，同样会失去细节，画面同样会变得死板。所以，为了避免出现这种状况，可以先调整黑色色阶和白色色阶。多数后期处理程序中都有自动调整黑色色阶和白色色阶的功能，或者你也可以手动调节。调整程度的轻重可以直接通过肉眼观察，也可以通过查看溢出提醒功能来判断（见下图）。

很重要的一点是：处理图像时，要给黑色色阶和白色色阶设置默认值，它会告诉软件哪个值可以被当做纯黑和纯白。这将会在调整高光和阴影滑块时，为它们设定好一个

↑ **设置白色色阶**

使用Lightroom中的白色色阶调整工具，按下Alt或Option键，移动滑块直到纯黑的画面上开始出现斑块，这些就是发生高光溢出的区域，这些区域已经变为纯白色

↑ **设置黑色色阶**

使用黑色色阶调整工具，按下Alt或Option键，移动滑块直到纯白的画面上开始出现斑块，这些是阴影部分发生溢出的区域，这些区域已经变为纯黑色

↑ **自动调整黑色色阶和白色色阶**

按下Shift键，双击黑色色阶或白色色阶的滑块，处理程序就可以自动完成调整，让整幅照片的色调范围处于一个合理区间内，尽可能多地保留阴影和高光区域内的细节，让画面看上去更自然

调整范围，所以最好先执行此项操作。这种做法也有利于形成更柔和的对比度和细节更丰富的画面。

通常，可以将纯白色和理论上的准确曝光（即细节最丰富的区域）之间的色调范围看作是高光区域。同样，阴影就是介于准确曝光和纯黑色之间。

在确定了黑色色阶和白色色阶的值之后，可以调整高光和阴影，而不用担心发生溢出，因为你已经设定好了纯黑和纯白色的数值，高光和阴影不会超出你设定好的这个限值。接下来，让我们来看看，准确曝光和纯黑或纯白之间的那些区域会发生什么变化。

将高光滑块向右侧移动（设置正值），你会看到高光区域的细节在减少；向左侧移动滑块，高光区域的细节增加。是不是觉得这似乎有悖常理？为什么设置一个正值细节减少，设置一个负值反而细节增加呢？这是由于正值表示增加高光区域的曝光值，而负值表示降低曝光。对阴影滑块而言，向右移动会增加阴影区域的曝光，显示更多细节；向左移动则会降低阴影区域的曝光，细节减少。

你可能已经注意到了，根据你对高光和阴影的调整程度，图像开始失去一些吸引力。提亮阴影或调暗高光都会让更多的细节呈现出来，严重影响画面的视觉深度，让画面变得平淡无奇、枯燥乏味。这时可以稍微调整一下对比度。向右移动对比度滑块，即使只移动一点，也能更好地界定亮区和暗区之间的界限，让照片重现活力和生气。

→高光滑块

这个工具可以调暗高光区域，找回一些失去的细节。当移动滑块时，按下Alt或Option键，可以根据黑色背景上是否出现像素块判断是否发生溢出。这里，拍摄主体脸部发生高光溢出的区域已经被修复，不再溢出，现在唯一溢出的区域只有吉他的白边。这种程度是可以接受的。回到预览图，我们可以看到画面中的明亮区域没有丢失细节

←阴影填充

RAW处理软件最近增加了一个新功能，可以在不影响高光的前提下提亮阴影。Lightroom的阴影滑块（有时在其他软件中被称为阴影填充滑块）就可以很好地完成这个任务。这里，我们使用了一个RAW处理软件来提亮室内的亮度，同时不丢失窗户周围和窗外的细节

↑阴影和对比度滑块

经过调整，这张照片看上去好多了，但是我们还可以使用阴影滑块，稍微提亮一些，让阴影区域显示出更多细节。通过输入正值（向右移动滑块），就可以提亮画面，完成这个任务。如图所示，上左图确实略显平淡，失去了画面深度，所以我们可以用对比度滑块来增加一点对比度，改善这种情况

清晰度、饱和度和鲜艳度

与对比度一样，清晰度也会影响色调，它会改变色调范围以及色调之间的差别。对比度和清晰度之间的差别是：前者会改变所有的色调，后者只改变中间色调而不改动阴影和高光区域。如果降低对比度，画面会变得柔和。饱和度也是对全部色调进行调整的，增加对比度会让画面中的颜色加重，让它们更加鲜艳。对某些图像来说，饱和度可以影响整幅画面的作用是有利的，比如一张以蓝色和绿色为主的照片，但是如果这张照片中还有人物，那么调整饱和度在让蓝、绿色变得更鲜艳的同时，会严重影响肤色。我们还会遇到这样的情况：在某张照片中，有些颜色已经看起来很有活力，但是其他的颜色需要加强，这时如果增加饱和度会让那些已经足够鲜艳的色彩变得不真实。要想降低饱和度，可以将饱和度滑块向左移动或者设置一个负值。由于它会作用于整幅照片，改变画面上所有颜色，所以如果将饱和度降到最低，图像就会变成黑白照片。一般来说，在一定程度上降低图像饱和度可以提升画面的艺术效果。

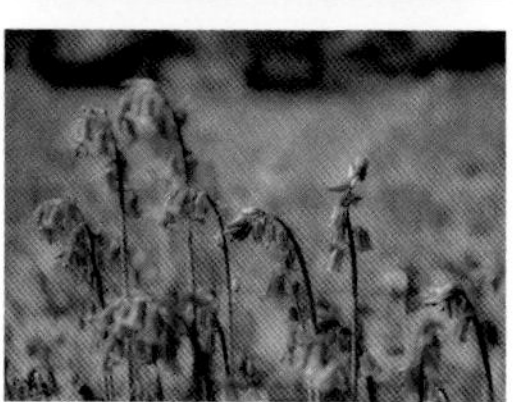

← 对比度

本页最上方的图像是原始图像，对它应用对比度调整后，变成左侧这两张。最左边的图是将对比度增加100，阴影变重，细节减少。右侧的图是将对比度降低100，细节大幅增加，但是整幅图像变得平淡，缺乏活力

← 清晰度

最左侧的图是将清晰度增加100，可以看到图像仍然有较高的对比度，但是阴影却没有它上面的那张图那么深。右侧图是将清晰度降低100后呈现出朦胧的、柔和的效果

鲜艳度可以解决饱和度不加区分改变颜色的问题。当你不想对整幅画面的颜色进行改动，而只想调整其中的一部分，这时就可以使用鲜艳度。就像清晰度一样，鲜艳度只作用于中间色调。应用鲜艳度工具时，我们处理的是颜色而不是色调，因此，鲜艳度会影响中性颜色，也就是只对直方图两端的颜色进行适度的更改，最淡和最浓的颜色受到的影响很小，比如肤色、土色，以及那些已经足够鲜艳的颜色。与饱和度一样，给鲜艳度设置负值可以提升画面的艺术感。将鲜艳度降到很低，会让画面留下一些不明显的色彩，呈现出柔和复古的效果。

↘饱和度

通过下面这些图的对比，可以清楚看出改变整个画面（饱和度）和只改变部分颜色（鲜艳度）的区别。如果调整饱和度，肤色会变得不自然。中间图显示的是将饱和度降低50后的效果，照片变得柔和、漂亮。右侧图是将数值设为–100，照片几乎变成单色的

局部区域调整

RAW处理软件和后期处理软件都具有可以整体改善图像的强大工具，但有时，你只想调整局部，所以这些软件中也有一些工具帮助你轻松、便捷地调整画面中的一部分，这些调整被称为局部区域调整。这里我们重点介绍Lightroom，但事实上，所有处理软件都有这类工具。

局部调整工具之一是“调整笔刷”，使用它你可以改变局部的曝光、色温、对比度、高光、阴影、清晰度、饱和度等，而且这些改动是可逆的，也就是可以撤销或擦除之前所做的更改。对于存在混合照明的情况和画面中只有局部过曝或欠曝的情况，这个功能尤显得重要。还有，如果你只想调整天空中云朵的对比度或清晰度；或者只想降低人物脸部的对比度，改善脸部过重的阴影；亦或者只增强画面中某个颜色的饱和度，都可以使用局部区域调整工具。

另外两个局部区域调整工具是渐变滤镜和径向滤镜。滤镜的改变范围比笔刷要广，但仍然在可控制范围内，仅作用于画面中被选择的区域。

←→ 调整笔刷或渐变滤镜

我们可以使用渐变滤镜来降低天空的亮度，而不影响前景的亮度，也可以通过使用调整笔刷来提亮前景中岩石间的阴影

渐变滤镜让你能调整画面的某个区域，比如改变某个特殊部分的曝光，将观众的注意力吸引到这个部分上。只需选用渐变滤镜功能，然后在照片上想要改变曝光的区域，点击并拖动光标画出一条线，就可以让这个区域线性变暗。由于滤镜是渐变的，因此效果会逐渐减弱，从而在应用滤镜的区域和没应用的区域之间形成平滑的过渡。径向滤镜的工作原理与渐变滤镜基本相似，区别是：渐变滤镜是沿着直线变化，而径向滤镜是呈圆形或椭圆形，从圆心向四周渐变。与我们通常的预期不同，在滑块上选择的调整将应用于绘制的圆圈区域之外，而不是内部，除非你点选了“反向”。所以，如果增加曝光，会让圆圈外部的区域变得更亮，在圆圈内曝光增加的程度会逐渐降低，而圆心附近的曝光保持不变。

←↗→ 渐变、径向滤镜

左图是原始照片，我们使用了一个渐变滤镜来降低左上角和右下角的曝光，以此来将观众的注意力引导到第二排香料上。接下来，我们分别使用几个反向径向滤镜来增加第二排中三种亮色香料的饱和度、对比度和清晰度，但不改变盛放香料的麻布袋的饱和度、对比度和清晰度，以免让麻布袋看上去不自然

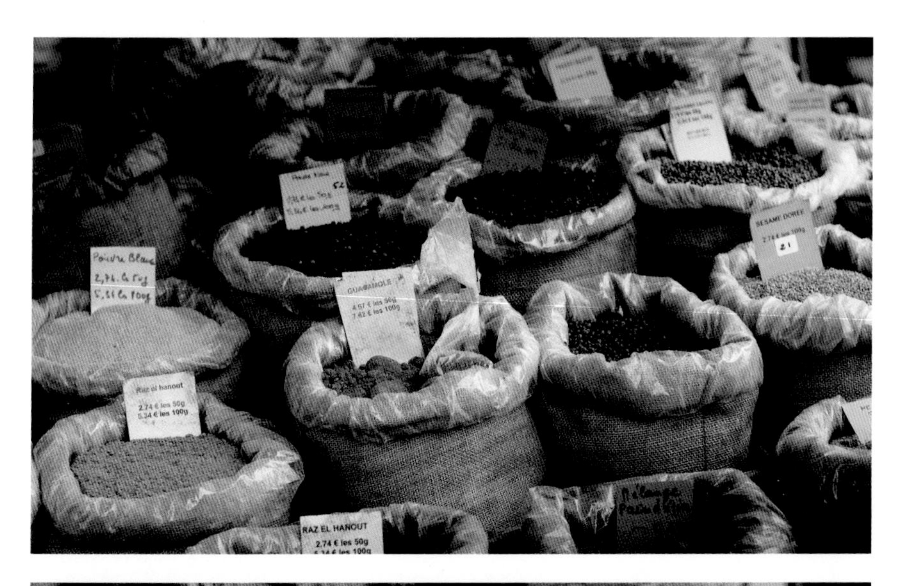
Raz el hanout
2.74 € les 50g
5.34 € les 100g
SESAME DOREE
RAZ EL HANOUT
2.74 € les 50g

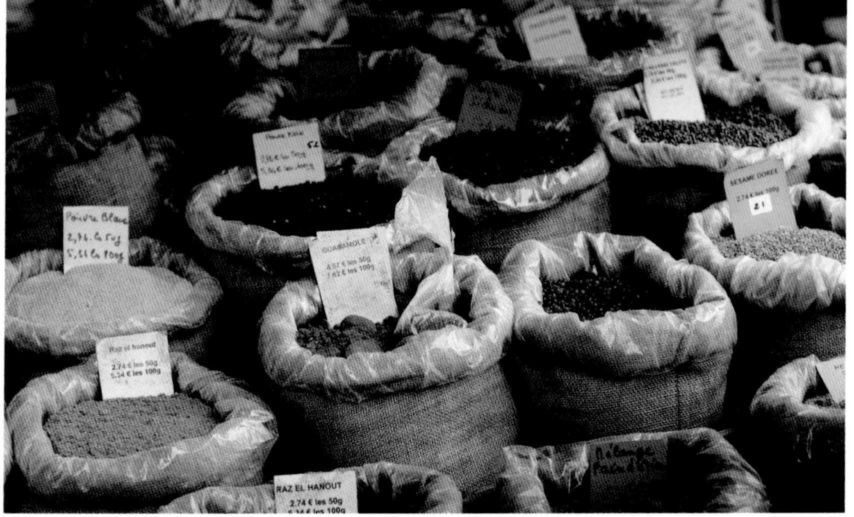
Raz el hanout
2.74 € les 50g
5.34 € les 100g
SESAME DOREE
RAZ EL HANOUT
2.74 € les 50g

去除污点和瑕疵

多数我们在数码照片上看到的污点是由传感器上的灰尘造成的。这种情况一般发生在单反相机上，因为当你更换镜头时，灰尘可能就进入相机机身，落在传感器表面。还好，这些污点只有在均匀一致的颜色区域（比如蓝天）上才比较明显。大部分污点很容易去除，但是另外一些就比较麻烦，需要花点力气和时间。

© Steve Luck

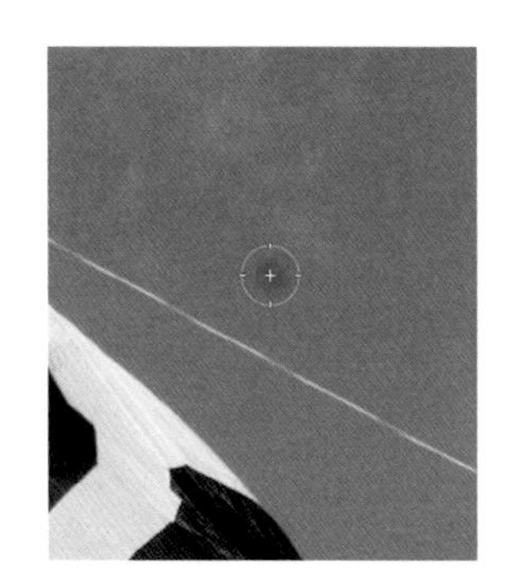

↑ **选择污点**

选中“污点去除”或者“修复画笔”工具。调整工具或笔刷的大小，让它正好能覆盖污点。通常我们用快捷键来调整画笔的大小，这比移动滑块更加便捷和精准

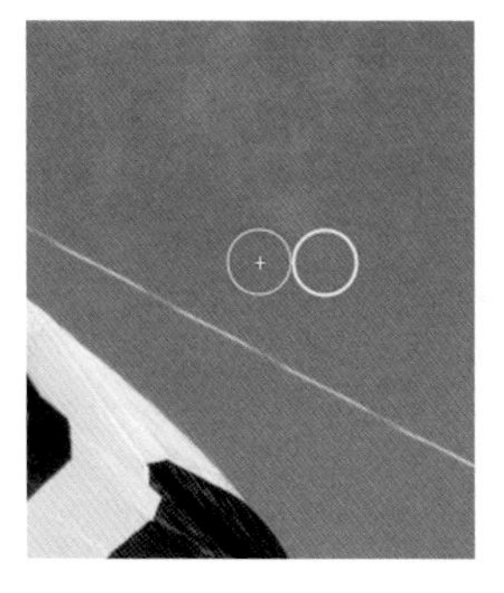

↑ **从旁边取样**

在RAW处理软件中（比如Lightroom），将正好能覆盖住污点的笔刷圆圈置于污点位置上，点击鼠标左键，软件就可以自动选择一个样本区域（通常与目标区域相邻）来与目标区域中的像素混合，从而移除掉污点

↑ **重新获得干净的天空**

只需片刻时间，天空中的污点就会消失。然后我们再处理下一个污点

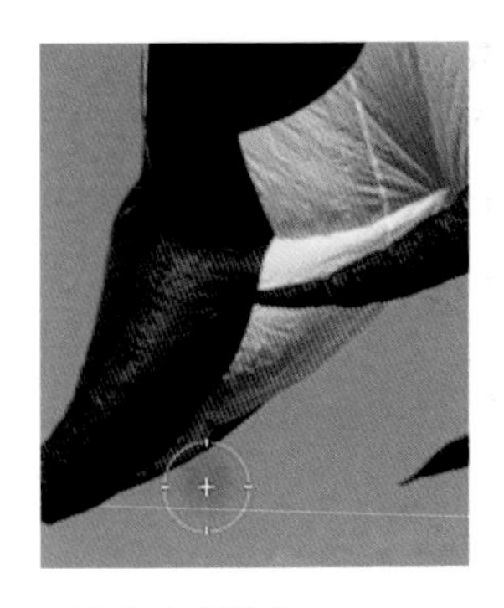

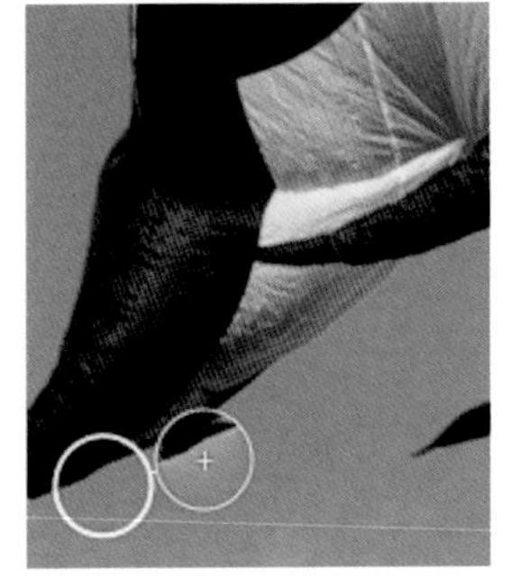

↑ **较难对付的边缘**

这张图中，污点位于风筝边缘的位置。让我们来看看，这种情况下如果使用污点去除或修复画笔，会发生什么。如前所述，RAW处理软件会自动选择一个样本区域来修复目标区域。但是，效果却不那么令人满意。原因是：首先，圆形的样本区域与目标区域没有对齐；其次，当与样本区域混合时，会移除掉目标区域边缘的像素

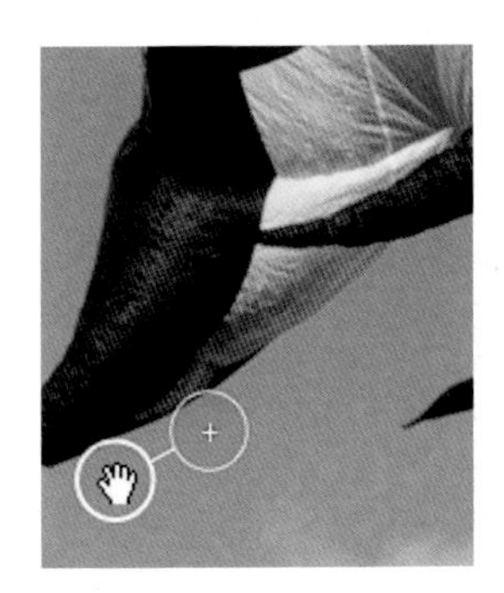

↑ **仿制**

当污点靠近边缘时，要从“修复”模式换成“仿制”模式，这样应用污点移除功能时就不会影响到周围的像素。这里，我们选择了一个样本，并将它拖动到更干净的位置。将样本区域移动到更合适的位置可以让两个区域更好地对齐，产生更佳的效果

© Steve Luck

↗ **在肖像照中的应用**

污点移除或修复笔刷都是磨皮和去除瑕疵的理想方法

锐化

关于如何锐化数码照片，我们已经学习过很多，软件制造商也一样，所以他们也在不断完善和进步。最近，一些软件中基础锐化和输出锐化两者间开始出现区别。输出锐化通常在后期处理的最后阶段进行，也就是在所有其他处理任务结束时进行。输出锐化是为了特殊的显示目的，通常是自动的，这里我们不做深入讨论。

另一方面，基础锐化是在RAW处理软件中完成的。如果用JPEG格式拍摄，相机会自动锐化画面，但是如果用RAW格式拍摄，相机不会调整锐度，所以你需要在处理时进行锐化，使其在屏幕上看起来比较清晰。这就是我们将重点介绍的内容。

基础锐化的目标是使图像在屏幕上看起来更清晰。过度锐化的图像可能会出现光晕或噪点，所以请谨慎处理。为了帮助你小心调整，在Lightroom里，可以按住Alt或Option键来查看，这样当你移动滑块的时候，界面上就会显示单色预览图像（因为如果是彩色的，比较难看出锐化效果），清楚地显示调整后的效果。

↑← **未做锐化处理的照片**

这张关于旧拖拉机的照片是用RAW格式拍摄的，虽然已经对颜色和色调进行了优化，但是还没有用Lightroom进行自动锐化处理。可以看到，画面比较柔和，没能表现出金属质地本应有的质感

← 数量

多数RAW处理软件都有一个主锐化滑块，可以对整幅照片进行锐化。左图被分为两半，左半部是将参数从默认值50增加到70，右半部是将数量参数调至150。通过左右两半的对比可以看出，最大值下图像锐化过度，有明显的人工处理的痕迹；数值为70时，可以明显看出图像锐利度提高，且没有人工处理的痕迹，虽然在较平的区域有一些噪点，但是对整体画面的影响不大

有一些有助于适度调整的简单小技巧：

数量：每张照片对锐化程度的要求不同，不过多数情况下将数量调到50左右即可。

半径：这个参数的数值如果过高，照片中的物体边缘会出现阴影。所以一般不要高于15。

细节：这个参数会决定锐化从多大反差的相邻像素边界开始，低于参数值的就不作锐化。如果数值过高，图像会显得过度锐化，所以最好低于50。

蒙版：针对画面中有均匀一致色调区域（比如天空、沙滩）的特殊情况。按下Alt或Option键并调整参数，直到那些均匀一致色调区域显示为黑色。这样可以将锐化带来的噪点对画面的影响程度降至最低。

↓ 锐化完成

经过基本锐化后的最终图像更加清晰，显示出更多细节，金属质感更加明显，而且没有光晕、噪点或其他因锐化产生的不良影响

减少杂色

噪点就是画面上出现的会影响美观度的像素或颗粒。在面积较大的单一、均匀的色调区域，噪点尤为显眼。在阴影区域更容易出现噪点，因为为了保证曝光，光线较暗时通常使用高ISO。噪点有两种主要类型：亮度噪点和颜色噪点。亮度噪点就像是老式电视没有信号时出现的雪花点，它是颗粒状的，如果情况特别糟糕，会在画面的较暗区域出现竖直或水平的条纹或色带。颜色噪点则显示为与周围色彩不一致的杂色斑点，通常看起来很不自然，所以更需要去除。

在多数RAW处理软件中，噪点控制工具一般挨着锐化工具。这样比较合理，因为锐化通常会产生噪点，锐化越重噪点越多。随着程序算法的不断优化和发展，“减少杂色”功能也越来越先进、强大。如今，即使面对一张噪点严重的照片，你也能将它处理成一张看得过去的照片，不过这也取决于最终输出的尺寸。

↑ **小尺寸时不明显**

如果是以这种尺寸输出，图像上的噪点一般不会引起观众的注意（除非打印或印刷质量很差）。不过，从上图中的细节中可以很清楚地看到：有明显的亮度噪点和颜色噪点

↑ **亮度噪点和颜色噪点**

在Lightroom和Capture One中，可以通过调整相应的滑块来分别处理亮度噪点和颜色噪点。但在其他RAW处理软件中，只能同时处理这两种噪点。在分别处理时，最好先处理颜色噪点，因为颜色一致后能更容易看清亮度噪点。上图是将Lightroom中的“减少杂色”参数设置为50后的效果

↑ **避免不自然的塑料感**

在处理完颜色噪点后，就该处理亮度噪点了。如果将噪点完全消除，当用100%的比例预览图像时效果好像很不错，颜色均匀，质地平滑柔顺，但实际上却会让照片显得不真实，有了塑料感

↑ **质感**

要保留一些亮度噪点，因为它会让画面有一种胶片质感。这张照片上，明亮度的参数设置为27，细节参数设置为85。细节滑块为微调图像中剩余噪点提供了一个好方法

↑ **准备输出**

最终的图像既保留了足够的细节，又没有明显的、会干扰注意力的噪点，可以以更大的尺寸打印输出了

色调曲线

色调曲线表示图像中高光、中间色调和阴影之间的关系。色调曲线用一个曲线图表示，其中水平方向的X轴表示原始色调值（或输入值），而竖直方向的Y轴表示对原始值进行调整后的值（或输出值）。

在很多软件中都有色调曲线功能，既包括RAW处理软件，比如Lightroom；也包括后期处理软件，比如Photoshop、Elements和PaintShop Pro。

色调曲线在调整整体色调范围方面具有强大且多方面的作用。大体来说，线条下端1/3代表阴影区域，中间1/3代表中间色调，上端1/3代表高光。在默认值下，色调曲线是一条直的对角线，这是因为还没有对照片做任何调整，所有的输入值都等于输出值。调整曲线的形状就会改变画面上色调间的关系。

↑ **与直方图重叠**

上图是默认值状态下的色调曲线，它与直方图（表示图像色调值）重叠。像色调曲线一样，直方图沿着水平X轴从阴影、中间色调向高光方向移动

↑ **提亮中间色调**

点击曲线的中点，然后向上拖动它，就能提亮整张照片，不过对中间色调的提亮效果更为明显。中点向上移动时，不仅是这一个点或这一部分线段上移了，而是曲线上的其他点都随之上移，所以会对整张照片产生影响

↑ **调暗中间色调**

点击曲线中点，然后向下拖动它，会降低整张照片的亮度。同样，这主要调整的也是中间色调，不过其他色调范围也会受到一定程度的影响。中间色调的改变幅度最大，越靠近曲线两端的色调改变幅度越小

↑ **S形曲线**

曲线调整时较常见的方式是“S形”曲线。当在曲线上选择高光部分的某一点并向上移动，同时选择暗部的某一点向下移动时，就形成这种S形。这样会形成高对比照片，特点是在中间色调部分具有丰富细节，但是高光和阴影部分细节会减少

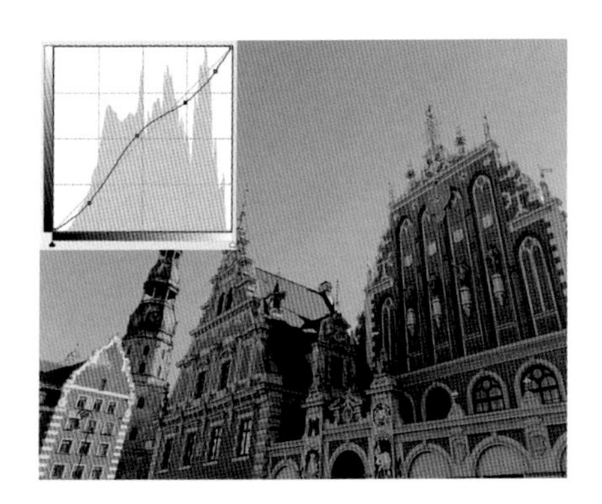

↑ **多次调整**

以此图为例：选择曲线上高光部分的某一点向下移动，降低照片右上角区域的亮度；同时，向上移动中间色调的曲线，向下移动暗部的曲线，以此来增加画面中其他区域的对比度

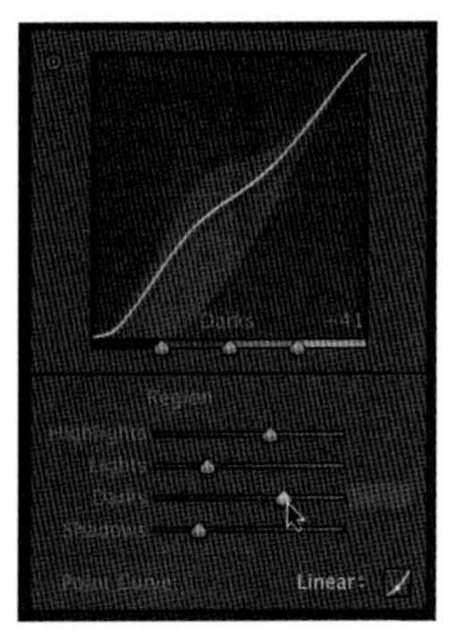

↑ **Lightroom中的色调曲线**

在Lightroom中，色调曲线也可以用滑块形式控制，通过移动滑块可以改变曲线的形状。这种形式对于那些不熟悉如何通过移动曲线上的点来调整明暗的用户很有帮助

转换为黑白照

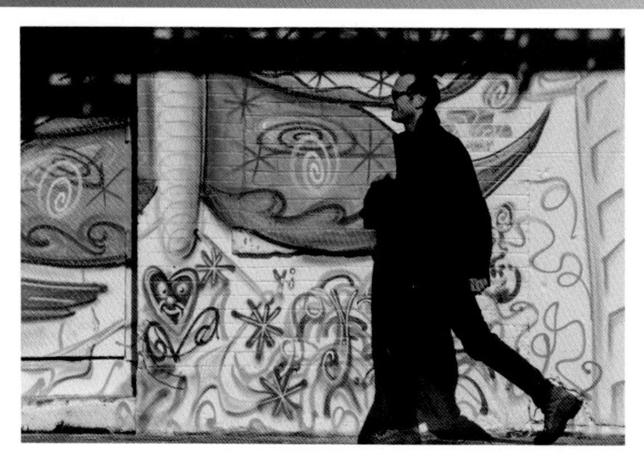

← **适合用黑白照表现的拍摄主体**
这张街拍照里是一个男士从一面彩色涂鸦墙前走过。整张照片构图精巧、图形感强、影调丰富，很适合转换成黑白照片

用数码相机拍摄，特别是用RAW格式拍摄的一个优点是：有时你会发现，一些照片如果用黑白色调来表现，可能会更有吸引力。

在RAW处理软件中，可以利用颜色滑块来调整色调，将照片变为黑白照。

Lightroom里有将彩色照片手动转换为黑白照片的功能。PaintShop Pro里有很多关于黑白照片的预设和功能。Lightroom里也有一些黑白照的预设，而且你还可以从网上购买更多预设。不过，要说到实时显示，PaintShop Pro更胜一筹，它能更即时地展示预设应用后的效果。

↑ **初始转换**
当你选择了RAW处理软件中的“黑白”模式后，程序会依据红色、绿色、蓝色通道中的灰度将照片转换为黑白照。通常情况下自动转换已经足够，因为它可以很精确地完成转换，不过当你想要让照片更有视觉冲击力时，可以再使用一些其他的快速调整工具

↑ 选择性地调整亮度

在黑外套、阴影以及墙上涂鸦的包围下，拍摄主体不突出，被淹没在其他元素中。为了增强对比，凸显拍摄主体，我们可以利用局部调整工具（位于黑白面板的左上角）选择性地提亮他身后的区域。只需点击墙上涂鸦中的某个颜色区域，不松开鼠标，向上移动鼠标轻微提亮这个颜色即可（或者调整某几个颜色，达到一种平衡）

↓ 完成转换

现在，画面中主要的元素都已经获得充分表现，同时其他的颜色被变暗，增加了画面的吸引力。最终的照片呈现出经典街拍照的效果，而且也很好地表现了画面中的图形感

挑战：

转换为黑白照

这个任务的第一步是找到一张适合转换为黑白模式的照片。这种照片一般要求有对比强烈的色调，因为如果色调对比度不高，最终的照片会很平淡、灰糊糊的。找到合适的照片后，你可以从众多灰度显示方式中找一种自己喜欢的。如果是肖像照，你肯定不想让对比度太高，而是希望不同色调间的差距相对较小，过渡柔和。但如果是追求夸张效果的照片，就可以选择高对比度的，可以试着将色调间差距增大，获得一个有强烈视觉冲击力的照片。

↓山景

蓝天、雪山、河流、岩石……这些元素汇聚起来，让这张照片成为一张很适合用黑白来表现的风景照。第一步比较保守，使用了自动转换功能，得到一张没什么吸引力的灰蒙蒙的黑白照。为了提高对比度，增加吸引力，可以将明暗色调分别向两端调整

Black and White
Preset: Default
Reds: 40 %
Yellows: 60 %
Greens: 40 %
Cyans: 60 %
Blues: 20 %
Magentas: 80 %

挑战清单

- 先从使用自动转换功能入手，然后再逐步探索、掌握其他方式方法。也可以使用一些预设。
- 在调整对比度时，你不仅要决定调整的程度，也要决定调整哪里、调整哪个色调。
- 你可以通过点击画面中的某个区域来调整颜色。具体方法是：选择拾色器，按下鼠标左键点击画面中的某个颜色，保持左键按下不松开，然后向上或向下滑动鼠标，这样就可以调整这个颜色的亮度。

↓暗色的天空，明亮的雪山
这张高对比照片中，原本蓝色的天空变成了黑色，几乎纯黑的颜色与明亮的雪山形成了鲜明的对比。而且，在前景中，天空倒映在水面，也是黑色的，既丰富了前景的色彩和对比，也增添了画面的吸引力

色阶

在后期处理中，色阶是调整画面整体明暗的一个重要手段。虽然，色阶的控制点没有曲线那么多，对色调的控制没有曲线那么精确，但是色阶仍是调整色调时最常用到的功能，特别是对于那些未经过RAW处理的照片。

色阶就是以直方图的形式描述出整张图片的明暗信息。水平方向的X轴，最左边表示纯黑色，最右边表示纯白色；竖直方向的Y轴表示某色调值下的像素数量。在快速调整图像色调方面，色阶工具的表现尤为突出。这也是大部分数码相机都有查看照片直方图功能的原因。色阶的首要功能是设置白色和黑色所在点位，换句话说，就是通过调整，让画面既有纯白像素点，又有纯黑像素点。这样做的目的是确保画面中包含全部色调，保证色调的丰富程度。在RAW处理中通过调整“白色色阶”“黑色色阶”也可以完成这个步骤。

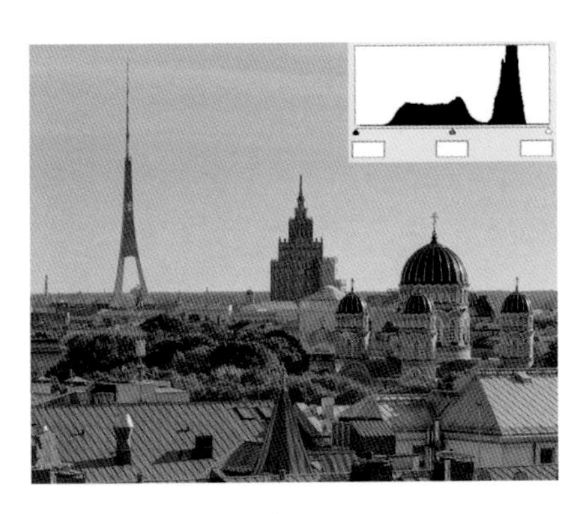

↑ 低对比度的原始照片

这张照片是在漫射光环境下拍摄的，所以整体色调发灰，偏向于平淡。从色阶直方图中也可以看出来，图像缺乏对比。在深色区（左侧）和亮色区（右侧）都几乎没有任何像素

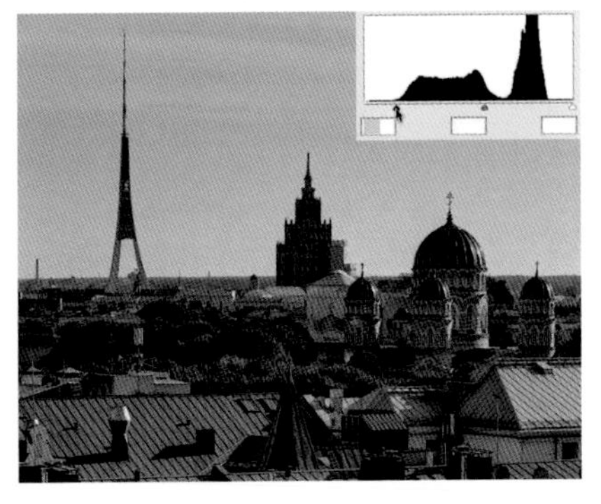

↑ 设置黑色色阶

点击X轴上代表黑色的三角，然后向右移动，可以降低图像的亮度。注意，当代表黑色的滑块向右移动时，中间代表灰色的滑块也会相应地移动。这表示中间色调也在按比例调整。如果你发现阴影区域受到其他颜色的影响，在黑灰色中掺杂了别的颜色，可以在色阶的“通道”选项中找到这个颜色，并对其进行调整

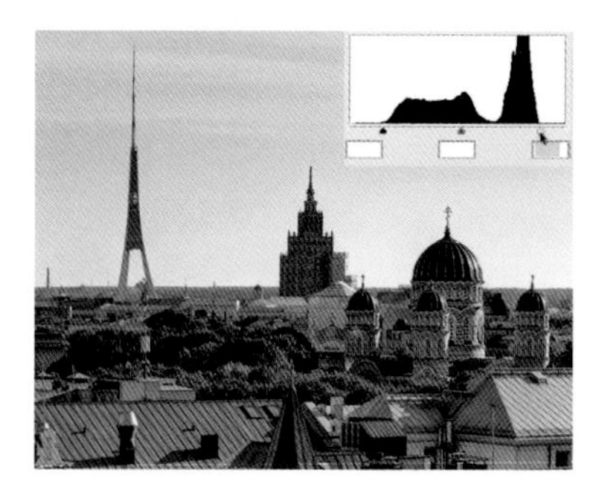

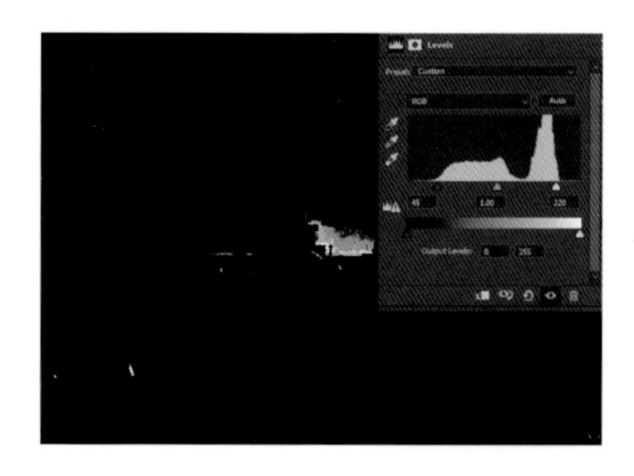

↑ 设置白色色阶

白色色阶的调整方法与黑色色阶相同，只不过代表白色的滑块位于直方图右侧。向左拖动滑块到直方图曲线的右端

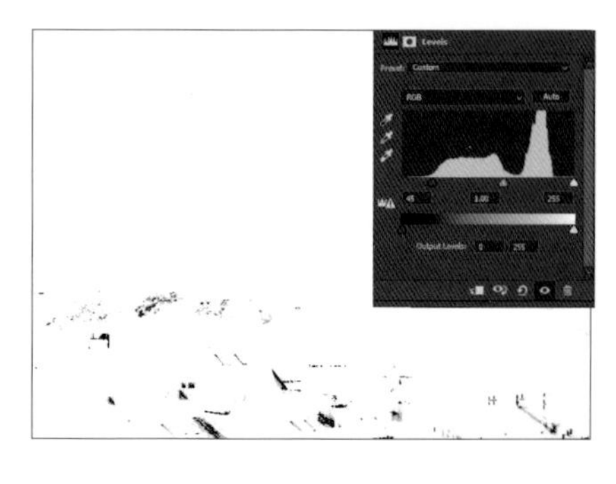

 **显示溢出**

在拖动滑块时按下Alt或Option键，就可以实时预览画面是否发生溢出。右上图是高光溢出；右下图是阴影溢出

← 中间色调调整

虽然，经过前面的调整，画面看上去已经具有丰富的色调了，但是中间色调仍然有些偏暗。通过向左移动直方图中间代表中性灰的三角，让它靠近黑色，就可以让画面有更多像素处于亮部，进而提亮整张照片。反之，向右移动中间色调的滑块就会降低中间色调的亮度

© Steve Luck

颜色调整

在后期处理中对颜色进行调整的方法与RAW处理中相似，因为颜色都是由色相、饱和度、亮度这三个要素决定的。后期处理软件既可以同时完成所有颜色的调整，比如增加所有颜色的饱和度；也可以只调整某个颜色。

RAW处理和后期处理的不同之处在于它们对亮度的叫法不同，前者叫做“亮度”，后者称之为“明度”。可能你觉得这个小小的区别影响不大，但其实这很重要。在Photoshop中，如果降低某个颜色的明度值，就会同时降低这个颜色的饱和度，这两个参数之间是相互关联的。要想在降低亮度的同时不降低其饱和度，就需要调整色相、饱和度、亮度三个滑块进行实验以获得满意的结果。例如，可以用增加饱和度的方法解决降低亮度导致饱和度相应降低的问题。

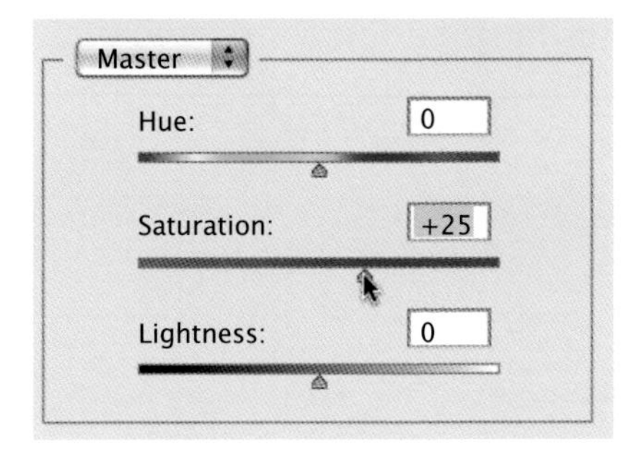

↗ **色调丰富但色彩浓度不足**

这幅拍摄于英国福德修道院的照片，已经使用了色阶功能对白色和黑色色阶进行了调整，优化了照片的色调，但是画面中的色彩看上去仍然有些黯淡

→ **整体增加饱和度**

使用“色相/饱和度”来增加所有颜色（全图）的饱和度确实可以让画面变鲜艳，但是会让天空的颜色看上去有些缺乏生机

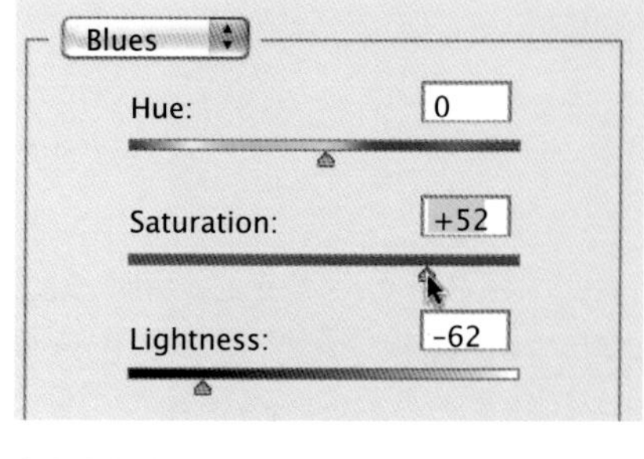

Yellows
Hue:
0
Saturation:
+17
Lightness:
0

↑ 有选择地增加饱和度

为了只增加天空的饱和度，从下拉菜单中选择“蓝色”，然后再向右滑动饱和度滑块到你满意的位置。不过，这个方法很容易过渡渲染，所以要使用预览功能，在原始图片和调整后图片间进行对比，判断影响和效果

← 增加光照感

虽然这幅照片是在光线充足环境下拍摄的，但是从画面上却不太能看出来。所以，可以给画面增加一些暖色调，比如增加“黄色”的饱和度

© Steve Luck

← 替换颜色

Photoshop中的“替换颜色”功能可以改变颜色的色相、饱和度和明度

↙↓ 颜色容差

颜色容差是在选取颜色时所设置的选取范围，它决定替换颜色的阈值；换种说法，就是你想替换掉原始色相附近多大范围内的颜色。Photoshop先在画面中找到那些与原始颜色相似的颜色，并将其与原始颜色相比较，确定所选范围，你可以通过蒙版预览看到被选中的区域。替换颜色后的新照片里，绿色替换了之前的黄色，让画面看上去显得更清爽

↗ 替换颜色中的滴管工具

第一个滴管在点击画面上的某个颜色后，属于这个颜色的全部像素都会被选中，整张图中凡是这个颜色的都会被新的颜色替换掉。第二个，前面带有加号的滴管，可以同时选择多个颜色。第三个，带有减号的滴管则可以从已选中的颜色中减去颜色

↗→ 替换颜色滑块

移动色相滑块可以选择一个新颜色。这副图中，我们向右移动滑块，选择了+13的参数，将之前的黄色变为绿色。饱和度滑块则控制新颜色的浓度。这里，我们选择了一个负值，将饱和度降低，让颜色看上去更自然一些。至于明度，稍稍向左移动，目的是让颜色更加柔和、清新

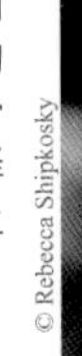

← 改变个别颜色

很多后期处理软件中还有“色彩范围”“颜色改变”之类的工具，它们与“色相/饱和度”一样，都是既可以同时调整所有颜色，又可以单独调整某个颜色

Color Range
Select: Sampled Colors
Localized Color Clusters
Fuzziness: 106
Range: %
Selection Image
Selection Preview: None
OK
Cancel
Load...
Save...
Invert

↑ 选择一个颜色

从你的后期处理软件中找到“色彩范围”或“颜色改变”工具，然后使用滴管工具选择你想要改变的颜色。可以在对话框中设定颜色容差。被选中的区域在预览图上会显示为白色，而其他未被选中的区域则仍为黑色。如上图，虚线范围内就是被选中的区域

← 从红色变为黄色

先用“色彩范围”工具选中兰花，然后打开“色相/饱和度”，将它们的颜色从红色变为黄色

图层

在1994年，后期处理软件中开始出现图层功能。这个强大的工具可以将独立的图层一个一个叠加起来构成一幅完整的图像，你可以对每个独立的图层进行移动、改变大小、调整色调等处理。图层间既相互独立，又可以在必要时合并在一起。还可以复制原始图像，然后对复制层进行调整，这样就可以在不影响原始图像的同时优化图像。不过，实际中不太常用这个方法，而是用调整图层代替它。

随着RAW处理软件的发展，现在有越来越多对原始图像无损的调整工具，特别是在局部调整方面，它们有明显的优势。所以图层的重要性变得没有以前那么高了。不过，如果你想用图片组合的方式来创造蒙太奇效果，或者用一张照片中的某个景物替换另一张照片中的景物，亦或在照片上添加文字或特殊效果，图层就是必不可少的。

↑ **从两个不同的图像开始**

利用上面的两张图片——一张黄昏时的天空，一张月球的照片，我们可以制作一个简易的图层，来展示图层的原理和图层间的相互作用

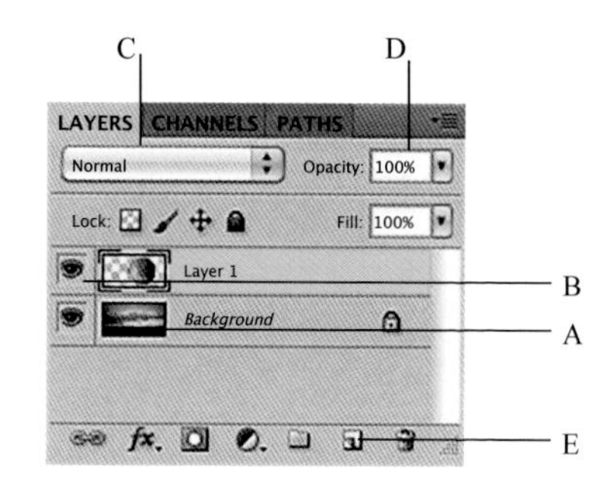

A 图层缩略图和名称

B 指示图层可见性

C 图层的混合模式

D 不透明度

E 添加图层、删除图层、添加效果、添加图层蒙版

↑ **将月球图层置于顶层**

第一步是将月球作为选区，裁剪掉它周围的区域，也就是将月球抠出来，然后将它粘贴到天空图层上。要给月球建立单独的图层，并确保它在最上面一层，改变月球大小让月球在覆盖在天空上。这里，为了获得更好的构图，对天空图片进行了水平翻转

↑ **颠倒图层顺序**

转换两个图层的顺序，让天空图层位于顶层，然后将两个图层混合

↑ **微调**

对背景中的云朵进行复制，然后根据需要用笔刷工具加强某些区域，直到云朵和月亮看上去完美重叠在一起

↓ **巨大的月亮**

利用图层工具将两张图片合成在一起，就得到一个超现实主义的巨大月球。这个合成技术可以广泛应用，创造出许多富有创意的图像

调整图层

我们可以将图层看作是组成图像的一个个独立的构件，所以调整图层就可以看作是对每个构件进行调整，最终形成整幅图像。而且，由于每个图层是独立的，所以可以随时进行调整，调整图层也是一样。

虽然图层和调整图层之间有很多相似之处，但两者间有一个明显区别：图层包含真实的像素；调整图层没有任何像素，而是显示调整后画面的效果，不会改变任何像素值，只是间接施加调整效果。在调整图层上可以应用各种处理功能，比如，色调、饱和度、曲线、模糊等等。这意味着，你可以对原始图像进行很多处理，却不用担心会改变图像本身。从这一点来看，调整图层与RAW处理中的无损调整旗鼓相当。

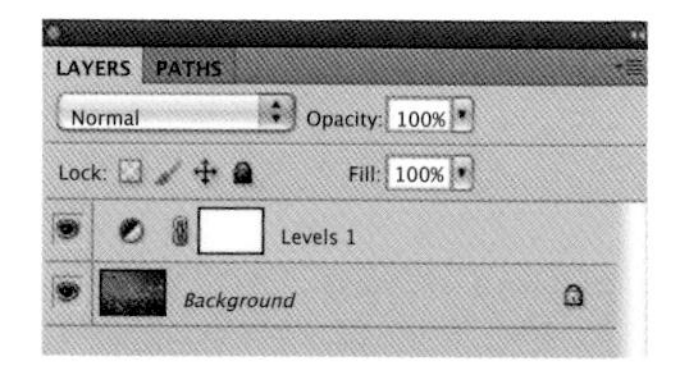

↑ **岩石悬崖**

这张拍摄于英格兰南部海岸的照片具有浓烈的色彩、迷人的天空以及有特点的图形。但有些缺点——欠曝、对比度低、颜色有一点暗沉

↑ **用调整图层进行处理**

当新建一个调整图层后，它会在显示在图层面板中，像其他普通图层一样。这幅图中，我们创建了一个新的色阶调整图层，然后调整了黑色色阶和白色色阶

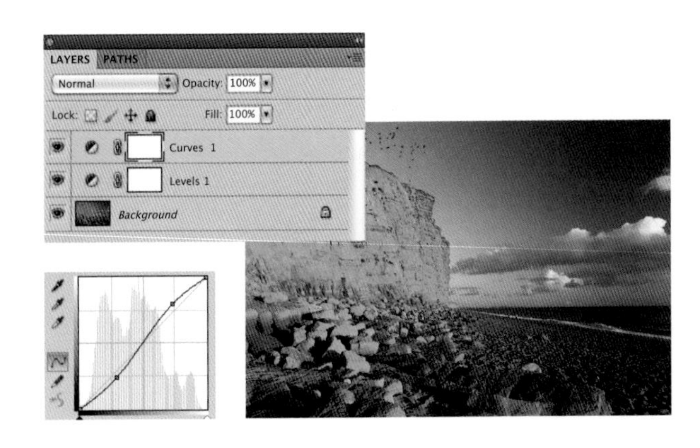

← 第二个调整图层

再建一个调整图层，这个图层是为了调整曲线。将曲线调整为“S”形，你看到的效果与直接对普通图层进行处理是一样的。所以，可以根据预览图来判断处理程度，也可以使用图层的“不透明度”来更改调整的强度

© Steve Luck

← 最后的润色

在这个例子中，最后创建的调整图层是关于色相/饱和度的。在色相/饱和度对话框中，我降低了红色的饱和度，增加了蓝色饱和度。最后，双击图层，弹出对话框属性，稍微向左移动滑块提亮中间色调

图层混合

对于图层而言，另一个很有用的功能是混合模式，它们提供各种各样图层彼此混合的方法，有的是基于颜色，有的是基于亮度。

图层混合的模式有很多种，在摄影中有广泛的应用，其中最重要的作用是控制、修正曝光和对比。很值得花时间尝试一下每种混合模式的效果，在脑海中形成一个大概印象。

← **图层混合模式**

在Photoshop中，从图层面板的左上角可以找到这个下拉菜单

↘ **不均匀的欠曝**

这张照片有些欠曝，特别是底部比上部欠曝更重。这种情况在摄影中经常出现。用图层命令增加整幅图像的亮度虽然可以增加底部的曝光，但是会让上部的天空过曝

↑ **渐变图层**

要想更好地解决这个曝光问题，可以先建立一个新图层，从上到下是黑白渐变的。然后将图层混合模式设置为默认的“正常”模式。这样就能看到屏幕上出现一张从上到下呈黑白渐变的图片

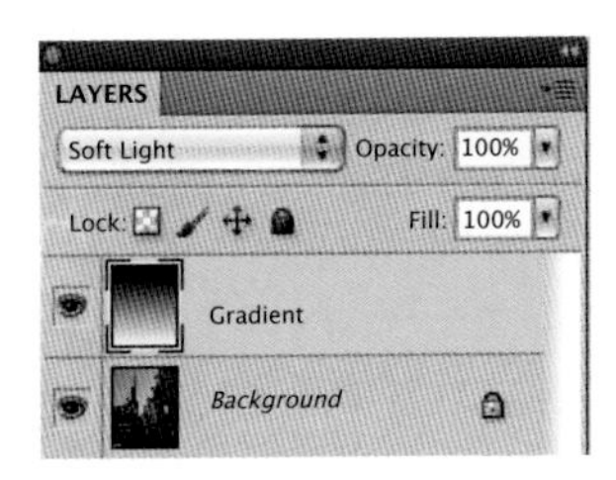

← 融入渐变

但如果将混合模式更改为“柔光”，则会露出背景层，不过是被渐变层改变了的背景层。渐变层中的黑色使背景层的上部更暗，而渐变层中的白色使背景层的底部更亮。这与中性灰度渐变滤镜的效果差不多

← 细微调整

当背景层上部变暗后，这个区域里的一些景物，比如尖顶和屋顶的雕塑，就欠曝了，需要被恢复回原来的曝光。要想实现这一点，可以在渐变图层上添加图层蒙版，在尖顶和雕塑处涂画。还可以用另一种方法：通过调整透明度滑块，降低渐变层的透明度，减少渐变层的影响效果

移除杂物

除了选定选区和剪切这两个任务，后期处理中的另一个常见任务是从照片中删除不想要的景物。

从照片上删除某个景物的理由有无数个，也许是因为模特头上有个路牌，或者是像右图一样，建筑前面有条电线。

虽然现在有越来越高级的算法，越来越强大的仿制工具，比如Photoshop中的“内容识别”选项（这个功能很不错，真的值得一试），但是某些时候，可能你还得手动处理以获得自己想要的精确结果。

© Steve Luck

↑ 凌乱的电线

这里，我们将使用多种工具来移除画面中影响美观的电线和路灯

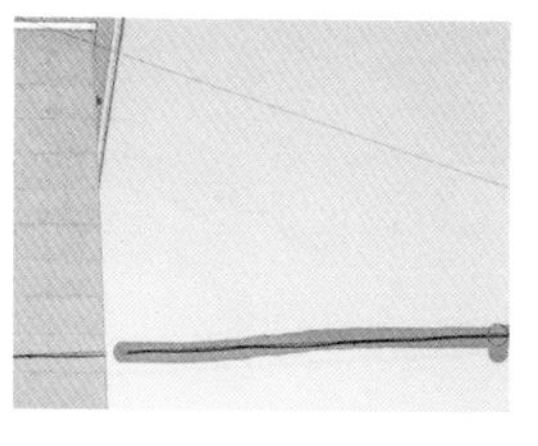

← 修复画笔

如果你的软件中有修复画笔功能，那你一定要试一试。Photoshop中有两种修复笔刷：污点修复画笔和修复画笔。其中，前者可以自动用相似颜色、亮度的像素替代被选中物体；后者需要用仿制的源区域覆盖被选中物体

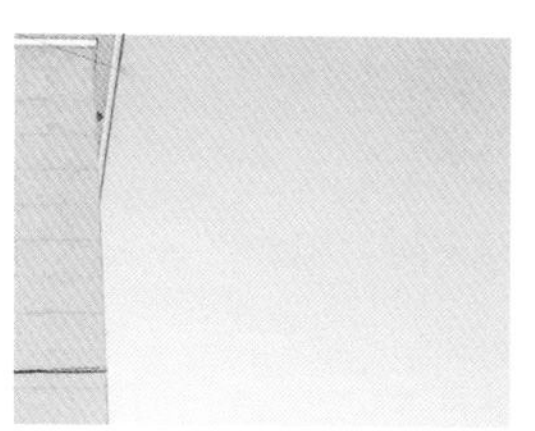

← 污点修复画笔

内容识别功能在去掉天空中的线缆时，可以大显身手。但是仔细观察就能发现：在建筑物的前面，曾经是电线通过的位置出现了两块模糊的深色区域

↑ **仿制图章**

这个需要被修复的区域中有一致、均匀的图案，所以我们不能使用任何自动修复工具。这时就要选择“仿制图章”，按下Alt或Opt键，复制屋顶的边缘

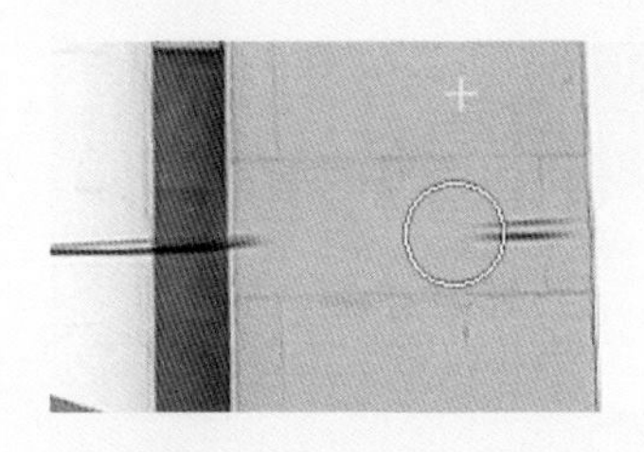

↑ **沿着边缘修复**

完成仿制后，只需确保图案对齐，然后点击一下要修复的区域，就能用复制的区域成功替换掉有杂物的区域了。使用仿制图章工具时，最好选用柔边笔刷，因为硬边笔刷容易产生明显的边缘。我还建议你可以试试不同的笔刷透明度。笔刷透明度在50%左右时，你必须点击好几次才能完成一次克隆，但这样做提高了可控度，减少了出错的概率

← **保持对齐**

打开仿制图章的默认对齐选项，这样能确保在修复过程中，随着画笔在有杂物区域的移动，用来作为仿制源的区域也会随之移动。被修复区和被仿制区永远保持一样的相对距离

← **轻松清除**

如果你仿制的是一个直的东西（比如这里的电线），可以选择一个源区域，然后按住Shift键，点击有杂物的区域进行修复，电脑会自动沿着直线修复整条电线

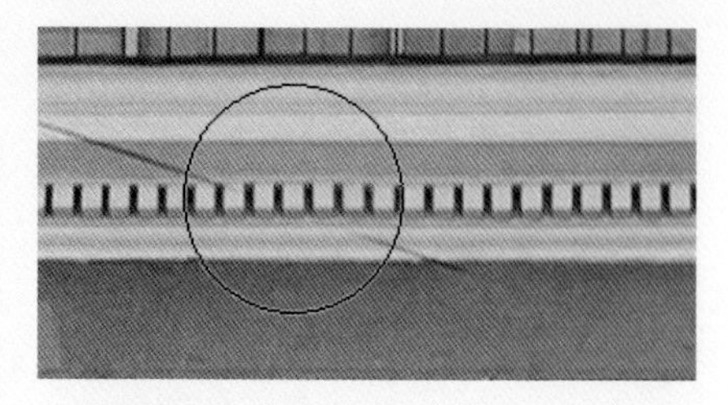

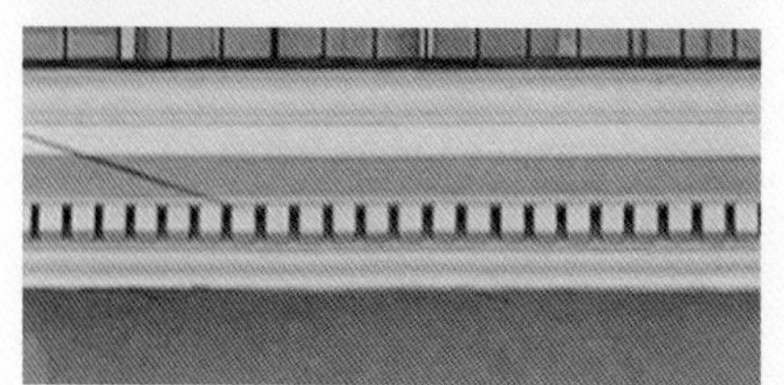

↑ 更大的笔刷提供更快的效率

当仿制普通形状的区域时，可以使用大一点的仿制图章笔刷。不要不敢增加画笔尺寸，只要排列准确，克隆的效果就会非常自然

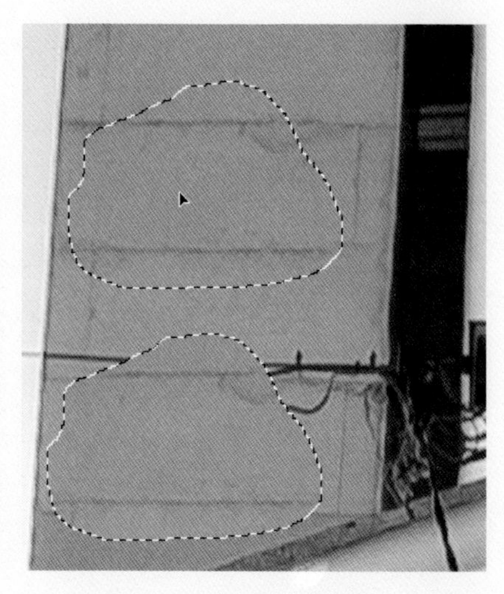

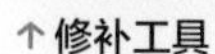

↑ 修补工具

想要去掉这个路灯可以采取几种不同的方法。Photoshop的内容识别功能就是其中不错的一个。但这里，我们使用的是修补工具。先将路灯画为选区，然后移动选区到源区域，松开鼠标。电脑会自动用源区域覆盖掉路灯。当去掉的景物较大时，还需要用仿制图章工具再清理一下修补区域及其周围

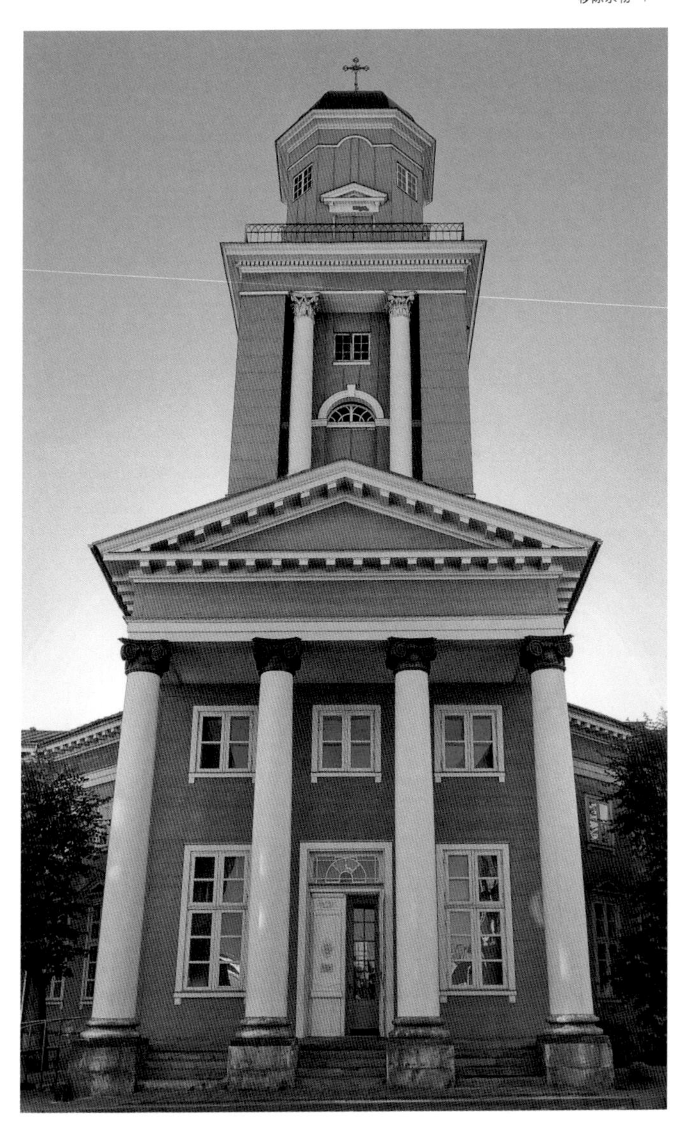

← **最终效果**

经过处理，最后获得一张干净、整洁，没有电线和路灯等杂物的照片

全景照和拼接

制作全景照从未像现在这么简便过。实际上，随着拼接软件的不断升级、强大，只要你导入源图像，就可以高枕无忧，几乎剩下的整个制作全景照的过程都可以自动完成。但是，有一些重要原则要记住。第一，要使用手动曝光模式，确保曝光一致。第二，要使用手动对焦，确保当你平移相机时，它不会改变对焦。第三，请使用最合适的白平衡预设，不要使用自动白平衡。而且要保证白平衡的一致性。当然，只要用RAW格式拍摄，白平衡就是可调整的，但是事先选好预设可以简化流程。如果你的相机有全景照模式，它可以自己完成这些设置。

使用三脚架能帮你避免相机晃动，确保照片对齐。不过没对齐也没关系，如今，多数软件都有强大的功能来对齐照片，而且可以做到非常精准。

→ **拼合照片**

在Lightroom和Photoshop中，打开“Photomerge”功能，可以看到六种版面选择项。其中：“自动”通常是最好的选项，它能分析成组的照片，并自动选择拼合方式。“透视”选项时，它会选择一张照片作为画面中心，然后让其他照片围绕它延伸。“圆柱”选项时，照片会均匀地倾斜，就好像它们在圆柱的内部排列，最适合非常宽的全景照。“球面”选项，将图像映射到球体内进行360度摄影。“拼贴”和“调整位置”，不会拉伸或扭曲任何照片，“拼贴”只旋转或缩放照片，“调整位置”只重新定位对齐

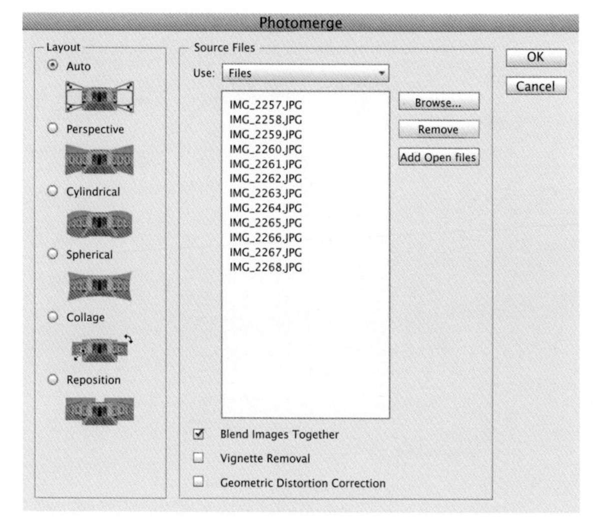

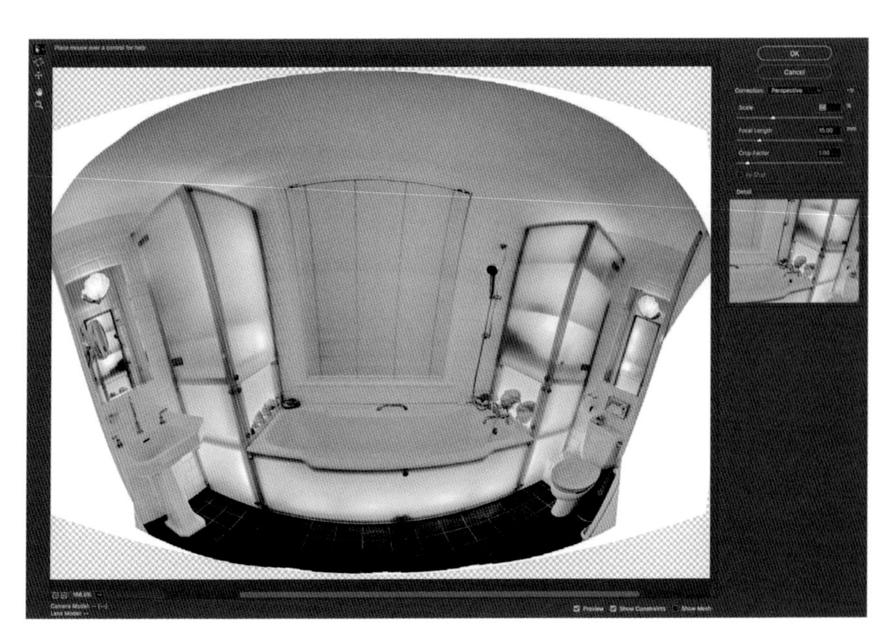

↑ **自适应广角**

当相机和拍摄主体间的距离相对较近，但是拍摄主体比较宽时（比如上图中的酒店浴室），Photoshop的算法可以很好处理这种情况，它可以不按照实际透视，只是将照片拼合在一起。当启用自适应广角时，你可以在左上角找到一个常规约束工具。在按住shift键的同时用这个工具在照片上画一条线，然后照片会变形，以便拉动照片中的其他元素使其成为一条直线。你可以根据自己的需要画出任意数量的线条。您还可以使用多边形约束工具（从左上角起第二个）构建更复杂的形状

→ 最终效果

由于失真的复杂性，设置各种约束可能会比较费时费力，不过幸运的是，每当你应用一种效果时就可以实时看到预览图，所以可以通过不断尝试找到合适的方法。如右边这张处理后的照片所示，像这样夸张的全景照仍然还有一点失真、扭曲，比如那些向边缘弯曲的瓷砖。不过，这是将三维空间转换成二维空间的自然结果。但只要在照片的关键元素中实现失真最小化，眼睛就能接受这种现状

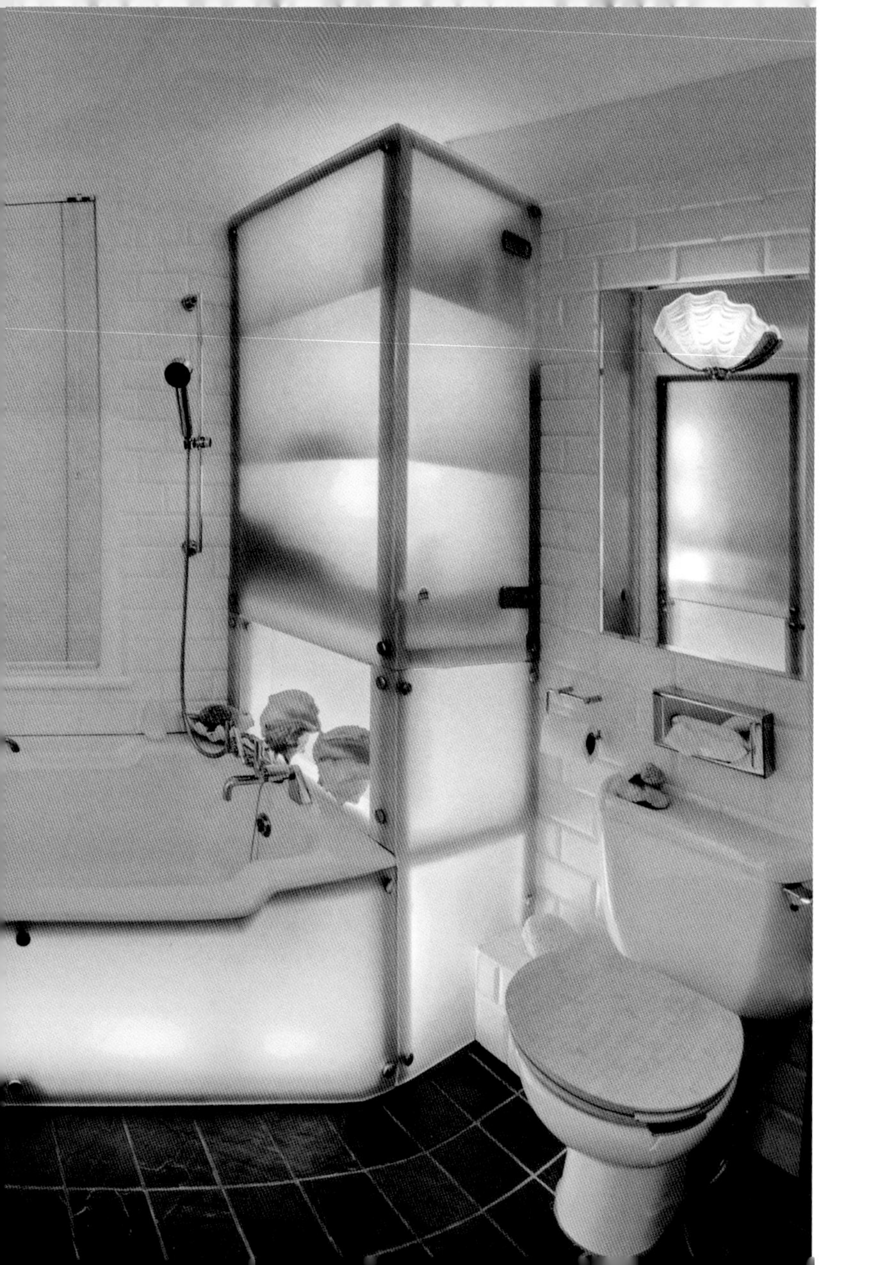

查阅 | 术语表

术语表

A挡 光圈优先模式

三原色 红、绿、蓝三种颜色，可以组合成任何其他颜色。当这三种颜色叠加形成白色。

算法 一步接着一步解决问题的数学程序。

马赛克 由于图像由微小的方形像素点构成，当边缘呈斜线时，放大图像后会发现，边缘部分像素呈现锯齿状排列。

环境光 场景周围环境形成的光，比如：日光或普通家用照明设备发出的光。

视角 通常是指相机能够拍摄到的范围。范围广的属于广角，范围窄的属于长焦。

消除锯齿 通过改变像素点的数值，让它接近相邻两点的中间数值，降低像素数之差，从而消除图像中斜线上的锯齿现象，使边缘看起来平滑。

光圈 镜头中可以打开让光线进入镜头筒身到达传感器的装置。

光圈优先 在这个模式下，你可以根据自己的需求手动选择光圈值，然后相机会根据光圈大小，自动计算合适的快门速度。某些相机上用A表示这一模式，有些用Av表示。

应用（程序） 可以让电脑完成某个特定任务的软件。比如，图像处理就是一种应用程序。不过，系统程序不属于应用程序，它是负责控制电脑运行的。

人工照明 由摄影师布置的光线，通常使用的是闪光灯。

高宽比 照片、屏幕或页面高度和宽度的比例。

自动对焦 相机镜头自动调整对焦以确保图像清晰。

Av 在某些品牌、型号的相机上用来表示光圈优先模式的符号。

轴向光 从镜头方向照向拍摄主体的光线。

背景 场景中，拍摄主体背后的区域。

背光 位于拍摄主体背后的光线，可以形成剪影或边缘光的效果。可以借用自然光，也可以使用人造光。

备份 为了提高安全性，防止数据损坏或丢失，将文件或程序进行复制的做法。最好保持定期备份，虽然每次备份需要花费一些时间，但总比丢失文件好。

平衡 平衡是构图的目标之一。要想达到平衡，需要同时考虑色彩、光线、位置等多种要素的位置和使用。

稳压器 给镝灯光源提供电能的电源盒，可以提供高压电。

色带 色调或颜色渐变中不希望出现的效果。渐变本该是平滑的，但由于色调或颜色差过高而出现条纹状色带。可以通过提高分辨率、减缓渐变梯度或增加噪点来解决。

挡光板 影棚里照明设备上安装的可调节挡板，可以控制散出光线的量。

圆柱形扭曲 在使用广角或鱼眼镜头时，画面上的直线会呈现出曲线的样子，就好像一根直线贴着球体或圆柱体延伸。

Bézier曲线 用数学公式描述的曲线。实际上，它由线段与节点组成，通过操控线段上的节点可以控制线段。

位（二进制数字） 二进制计算中的基本数据单位。另见字节。

点位深度 数字图像中每个像素点位的颜色值。如果想要图像达到照片的品质要求，红、绿、蓝三个通道都需要达到8位，点位深度为24。

位图 图像由一个个的像素组成。对应的是数学定义的矩图。一副图像上像素越多，分辨率越高。

高光溢出 图像上的纯白色区域，通常为过曝。

BMP 位图图像在Windows系统中的格式名称。支持RGB、索引颜色、灰度和位图。

支架 连接影棚照明设备的支撑臂。

包围曝光 曝光模式中的一种。同时拍摄三张照片，一张按照相机计算的正常数值曝光，一张轻度欠曝，最后一张轻度过曝。

亮度 又称明度，是色彩的三要素之一，其他两个要素是饱和度和色相。

缓存区 是内存空间的一部分，是数据临时存储区域。通常用于降低设备运行速度之间的差异。例如，通常文件传输到输出设备（如打印机）的速度要快于输出设备启动工作的速度，缓存装置可以存储这些数据，确保主程序的继续运行。

字节 每个字节有8个点位，每个点位是台式电脑最基本的数据单元。1024字节等于1KB，1024KB等于1MB，1024MB等于1GB。

Cache存储器 为了更加便捷调取常用数据而留出的信息存储区。这种分配方式有助于提高操作效率。

校准 调整设备（比如显示器）的过程，使其可以与其他设备（比如扫描仪或打印机）的色彩保持一致。

坎德拉（candela） 是发光强度的单位，简称“坎”，符号cd。是一光源在给定方向上的发光强度。

通道 存储在计算机中的图像的一部分，类似于层。通常，彩色图像会给每个原色（红、绿、蓝）分配一个通道，有时会再为蒙版或其他效果分配一个或多个通道。

明暗对比 从字面上讲就是“亮和暗”，通过光和影的相互作用来创造图像。

剪贴板 当复制或剪切时，用来临时储存数据信息的内存。与剪切和粘贴相关。

仿制 在图像处理程序中，将画面的一部分复制到另外一部分的处理方法。

CMYK 彩色印刷时采用的一种套色模式。C：Cyan = 青色；M：Magenta = 品红色；Y：Yellow = 黄色；K：Black=黑色。

色位深度 详见点位深度。

色域 输出设备（如打印机、显示器或胶片）的颜色范围。

色彩模式 表示色域的方式，如：RGB、CMYK、HSB和lab。

色温 表示光线中包含颜色成分的一个计量单位，单位是开尔文，范围从红光（1900K）到黄、白，最后到蓝色光（10000K）。

分离颜色 从图像的颜色中分离出青色、品红、黄色和黑色，为打印作准备的过程。

色板 有系统地排列着色调、亮度和饱和度不同的颜色的模型。

色相环 现实表现不同颜色间关系的环。

互补色 在色相环上处于相对位置的颜色，例如：红色和绿色就是一对互补色。

压缩 通过删除冗余数据来减少文件占用空间的技术。压缩有两种：标准压缩和有损压缩。前者使用处理密度更高的方式来存储数据，而后者会丢失图像中的一些数据。有损压缩体系中最常见的文件格式是JPEG，它允许用户在保存文件时选择丢掉多少数据。

对比度 一幅图像中色调的范围，从明亮的高光到深色的阴影。

裁切 通过取景器或后期处理对一个场景进行取舍。

裁剪 去除图像中不需要的区域，留下最重要元素的过程。

光标 用户在屏幕上选择和绘制时使用的符号。

剪切和粘贴 将画面的一部分剪切掉，再将其粘贴到另一部分或另一张图像上的过程。

默认值 计算机使用的标准设置或操作，通常已经设定好的，除非操作员刻意更改。

景深 图像中焦点前后处于合焦范围的距离，在这个距离内，场景中的景物保持可接受的锐度。

桌面 计算机屏幕上显示图标和窗口的背景区域。

散射 光线通过某种不均匀物质时各种色光的折射角度不同，光线向不同方向照射，从而使光线及其投射下的阴影都变得柔和。在自然界中，光线穿过雾或云层时会发生散射，在影棚中可以通过使用柔光板或柔光箱来获得散射效果。

数码变焦 许多便宜的数码相机上也有变焦功能，但多数只是数码变焦，也就是通过算法放大图像（在图像编辑器中也可以实现相同的效果）。与变焦镜头或光学变焦不同，在数码变焦中随着变焦级别的增加有效分辨率会降低；2倍数码变焦使用传感器1/4的区域，3倍变焦使用1/9，以此类推。

下载 将数据文件从计算机发送到另一个设备，如打印机。更常见的情况是从Internet或远程服务器获取文件并将其放到台式计算机上。

dpi 图像每英寸长度内的像素点数。

拖拽　通过拖动图标将一个文件从显示屏上的某个地方移动到另一个地方，然后释放鼠标将其放在目标位置。

动态范围　成像设备可以分辨的色调范围，区间为设备可以分辨出的最小值和最大值，它受硬件灵敏度和点位深度的影响。

边缘光　光线从拍摄主体正背后或侧背后照到拍摄主体上，在拍摄主体上形成发光、发亮的边缘的现象。

Ev　曝光值，即场景中的亮度计算。

曝光　进入相机传感器的光线量。

淡出　也属于渐变效果的一种，如模糊或羽化。例如，使用喷枪工具时，淡出是喷射时边缘的柔和度。

快速镜头　用来描述某个焦距下达到最大光圈的镜头，通常是f2.8或者更大。

羽化　在图像处理过程中，将图像或选定区域边缘部分虚化，起到渐变作用从而达到自然衔接的效果。

文件格式　数字化图像写入和储存的方式。摄影中常用的文件格式包括：TIFF、PICT、BMP和JPEG（JPEG是经过压缩后的文件格式）。

填充光　用来补充主要光源的辅助光。可以由灯光或反光板提供。

辅助闪光灯　在自然光或环境光对阴影光照不足的情况下，使用相机自带闪光灯或外接闪光灯，来补充照明，让阴影呈现更多细节。

滤镜　（1）一种透明的薄片状物体，可以安装在镜头前或光源前，用来改变光线的颜色或强度。（2）图像处理程序中的一种功能，可以对被选中像素进行改变或转化，以达到某种视觉效果。一些滤镜可以达到与现实中滤镜相同的作用，例如，处理软件中的柔光滤镜功能，可以产生与镜头前安装的光学滤镜一样的作用；而另一些滤镜可以产生数码图像独有的效果。

测光仪　测光仪是专门用来检验曝光的仪器。它记录闪光灯测试闪光时的光量，而不是简单地测量实时的光量。

荧光灯　家庭照明灯的一种，不像白炽灯那样会发热，光线的色温是蓝色的。

遮光板　用来遮挡部分光线，控制照射到物体上的光线量的东西。

焦距 镜头中心点到相机传感器或胶片的距离。

对焦点 照片上最重要的区域，希望观众关注的地方。相机所瞄准的位置。

焦距范围 相机或镜头能够聚焦的范围，例如，0.5米到无限远。

对焦 （1）光线在胶片或传感器上汇聚，产生尽可能清晰锐利图像的过程；（2）调整镜头或相机确保图像尽可能清晰锐利的动作。

前景 在相机和拍摄主体之间的那部分场景。

杂边 在图像处理过程中，由于选区颜色和背景颜色融合，导致选区周围出现不应有的杂色边缘。

正面光 从相机方向照向拍摄主体的光线，可以营造明亮、高对比度的效果，但缺点是阴影过于浓重。

光圈挡位 表示镜头光圈大小的参数。例如，f/1.4是大光圈，也就是“快速”光圈；f/22是小光圈。

伽马值 关于图片对比度的测量参数，用曲线的陡度表示对比度和亮度。曲线越陡，图片的亮度越高。

整体校正 对整个图像应用颜色校正功能。

黄金时段 指日出后和日落前的一小段时间。这段时间里的光线是非常理想的摄影光线。

渐变 从一种颜色逐渐过渡到另一种颜色，或者从透明过渡到有颜色。例如，渐变滤镜，一端是深色的，逐渐变淡，到另一端变为透明的。

灰度图 一种由256个灰度序列组成的图像，包含从黑到白之间的所有灰度。

卤素灯泡 卤素灯在现代照明灯中很常见，它用一根被卤素气体包围的钨丝作为发光源，可以燃烧得更热、更长、更亮。

雾霾的朦胧效果 光线遇到大气中的颗粒（通常包括细粉尘、小水珠或污染物）发生反射，所以雾霾可以柔化光线。而且，由于大气中有薄雾或者霾，越远处的景物越淡、越朦胧。

HDRI（高动态范围图像） 将不同曝光下拍摄的数字图像结合起来组成的图像。因为可以从不同照片的阴影和高光处提取细节，所以有效解决了传统方法下欠曝或过曝区域缺少细节的问题。通常是通过Photoshop插件来实现这种效果的。而且HDRI图像包含的信息可能比屏幕上显示的信息，甚至比人眼能看到的还要多。

高调照片 低对比度的图像。给人以轻快、明亮的感觉。

高光 从技术上讲，是图像中的纯白色区域。但通常也用来指代图像中相对较亮的区域。

直方图 表示图像中不同颜色分配量的图表。水平方向的横轴表示亮度，从最暗到最亮；竖直方向的纵轴表示对应横轴数值的像素点数量。

镝灯（金属卤化物灯） 一种被称为“日光灯”的照明技术，因为它投射的光线的色温约为5600K，与一般正午左右的阳光色温一致。

蜂窝格栅 呈蜂窝型，可以放置在光源前，防止光线发散的格栅。正确方向的光线可以透过格栅，错误方向的光线会被蜂窝壁吸收。

热靴 是一种附属装置，在多数数码相机和胶片单反相机以及一些高端卡片机上都有。可以通过热靴的金属触点传递安装在其上的照明设备的信息。

HSB（色相、饱和度、亮度） 色彩的三要素。也是多数图像处理程序中调整色彩的标准模式。

色相 由其在光谱上的位置所定义的纯颜色；通常就是我们平时所说的“颜色”。

图标 屏幕上出现的一种符号，用来表示工具、文件或软件。

图像压缩 通过丢弃不太重要的数据来减小图像文件大小的过程。

图像处理程序 增强和改变图像的软件。

图像文件格式 数字化图像产生和存储的格式。有很多种格式，由不同的厂商研发而成，且每种格式针对图像类别或使用目的具有不同的优点。比如，有些文件格式适合高分辨率图像，而有些适合网络展示。

白炽灯 严格意义上说，光线是由燃烧形成的，对应传统的钨丝灯。它们也被称为热灯，因为如果它一直亮着，会变得越来越烫。

测光仪 一种外接的测光仪器，与之相对的是相机内置的测光系统。手持这种测光仪就可以直接测量某个地方的光量，而不是像相机那样测量从物体上反射出的光。

接口 可以让两个设备连接到一起的连接物。如用于连接显示器与电脑。还可见于为了在改变图像尺寸时保持分辨率而使用的位图像素插入程序。当图像尺寸增加，就用与相邻像素相近的像素进行填补。

ISO 一个关于胶片反应速度等级和传感器敏感度的国际标准。数值越大，表示敏感度越高。ISO400比ISO200的敏感度大一倍，在更弱光线环境下或更短曝光时间下依旧可以获得正确的曝光。不过，较高的ISO值会导致产生更多的颗粒和噪点。

JPEG 是“联合图像专家小组”的缩写，读法为“jay-peg”，是一种图像压缩系统。由国际标准化组织制定为行业标准。压缩比率一般在10:1到20:1之间。这种压缩虽然是有损压缩，但通常肉眼分辨不出来。

KB 表示千字节，也就是大约一千多字节（准确地说是1024字节）。

开尔文 在摄影中，开尔文与色温有关。不同于其他温度显示方法，色温中是不显示温度单位的。

风景照 以风景为主的摄影作品的统称。一般选用横向拍摄，即水平线方向为长边。

套索 一种选择工具，方法是按下鼠标左键，在图像中圈出一个选区。

图层 图像中的每个图层都是独立的，与其他图层相分离的，所以可以处理某个图层上的内容而不影响其他图层。

LCD 液晶显示器的英文缩写。一种平板显示屏，可用于数码相机或其他显示器。在两片透明偏光片之间的液晶溶液，在受到电流影响后会改变晶体的排列，使它们阻挡或允许光线通过。

引导线 图像上能将观众的注意力引导到拍摄主体上的线条。

镜头 一片两侧均呈曲面的玻璃，可以聚集或分散光线。

光导管 一种透明塑料材质，与棱镜或光纤类似。

灯箱 结构类似于帐篷，有不同尺寸和材质，用于散射光线，让光线扩展到更广的范围，多在拍摄特写镜头时使用。

无损 一种图像压缩类型。在压缩过程中不会丢失信息，所以能有效保持图像的颜色和色调。不过，没必要用于普通照片。

低调照片 一种高对比度的照片，通常有非常暗的色调，给人一种压抑、沉闷之感。

流明 描述光量的物理单位，发光强度为1坎德拉的电光源。

光源 对一个完整照明单元的称谓。既要有内部聚光机械，又要有菲涅耳透镜。比如，聚光型闪光灯。这个名字来源于法国，现在已经被全世界专业摄影师所使用。

亮度 颜色的明暗程度，与色相和饱和度无关。

微距 （1）一种在非常近的距离拍摄的摄影类型，常用于拍摄较小的物体，比如昆虫。（2）一种可以让镜头或相机可以聚焦在极近距离物体上的拍摄模式。

手动 一种曝光模式。可以根据你自己的意愿，决定光圈、感光度和快门速度的曝光模式。

蒙版 可以隐藏部分图层的灰度模板，是后期处理中的一个重要工具。多用于改变画面中某一限定区域。用图像处理程序中的任何一种选择工具都能创建蒙版，这些选择工具将某个元素与画面中的其他内容分隔开，可以对蒙版内区域进行独立地移动或修改。

兆字节（MB） 大约为一百万字节，准确地说是1048576字节。

百万像素 （1）约为一百万像素，用于表示相机传感器的分辨率。（2）数码相机的分辨率等级。与CMOS或CCD传感器的像素形成或输出有关。百万像素级别越高，相机所拍摄图像的分辨率就越高。

中间色调 图像中介于高光和阴影之间的色调，也就是色调平均值附近的部分。

模式 多种可供选择的操作指令。例如，在图像处理程序中，彩色和灰度是两个可选模式。

造型光 内置于影棚闪光灯里的一种小灯，是持续光源，可以用来定位闪光灯的照射位置，在激发闪光灯前即可显示照明效果。

单模块闪灯 内置有控制器和电源的一体闪光灯。多个单模块闪灯可以同步工作，创造出更精细的布光。

留白区域 画面中没有包含任何景物的区域。

中性密度滤镜 一种可以吸收不同波长光线的中性滤镜，而且在吸收光线的同时不改变图像的色彩。在强光环境下，如果有中性密度滤镜，就可以用更长时间的快门或更大的光圈。

噪点 （1）当增加传感器的敏感度时，图像会逐渐出现颗粒感。（2）一种在数码图像上随机出现的小点，通常由不能形成图像的电子信号产生。

标准镜头 焦距在40mm到60mm之间的镜头。

矢量图 使用数学公式而不是像素图像的软件技术。无论怎样放大都不会失真，与位图相反。

频闪 在快门打开时，闪光灯可以一次或多次亮起。

拍摄方向 可以竖直，也可以水平，甚至选用倾斜角度。取决于你怎么拿相机。

过度曝光 当传感器或胶片接收太多光线，就会导致照片太亮，上面有过多纯白色区域。

P 表示自动曝光，是拍摄模式中的一种，由相机自动确定光圈和快门参数。不过你也可以手动改变光圈或快门中任意一个参数，相机会根据这个参数相应地调整另一个参数。

追拍 一种跟着运动状态下的拍摄主体同步移动相机的摄影技术。可以产生背景模糊、拍摄主体清晰的图像。

全景照 常见于风景照。有很广的视角范围。

透视 在二维平面内显示三维效果的现象。比如，在纸面上呈现出有立体感、有深度的图像。

暗房构图 用传统的、非数码的手段将不同图像组合成一张新图像的方法。常用的是胶片蒙版。

像素 数码图像的最小单元。像素是小正方形，可以组成位图。每个像素都有其独立的颜色值。

插件 在图像处理程序中，由第三方制作、用于弥补某个程序自身不足的程序。

肖像照 一种以人物为主要拍摄对象的摄影类型。一般采用竖向拍摄，水平线方向是短边。

后期处理 在拍摄完图像后，对其进行的调整。

ppi 每英尺像素量的英文缩写。是位图中表示分辨率的单位。

定焦镜头 焦距固定不变的镜头。

RAID 磁盘阵列的英文缩写。由很多磁盘组合成一个容量巨大的磁盘组。

RAW文件 一种数字文件格式，也被称为“数字底片”。RAW图像可在软件中进行处理。较于传统的8位通道图像，这种格式可以保留更多的色彩信息，也可以经受更大程度的调整，比如：即使增减三挡曝光，画质也不会明显受损。而且，这种格式可以存储相机数据，包括测光记录、光圈设置值等。虽然RAW格式最先是由像Adobe Photoshop这样的软件公司研发的，但目前多数相机品牌都有了自家专属的RAW文件格式。

实时 在屏幕上出现对用户所作命令的即时反应，也就是说，在操作过程中没有明显的时间延迟。这在处理位图图像时尤为重要。例如，你在使用画笔或克隆工具时，需要能立即看到绘制效果。

反光物 用来反射光线的物体或材料，通常用于柔化和散射光线。

重采样 改变一张图的分辨率，方法是减少像素（降低分辨率）或插入像素（提高分辨率）。

分辨率 图像的细节水平，单位是像素每英寸、线每英寸（对传感器而言）或点每英寸（对印刷品而言，例如1200dpi）。

RFS 射频技术系统的英文缩写。是一种控制光线的技术，其中控制信号通过无线电而不是电缆传送，优点是在收发器和设备之间不需要有连接。

RGB 红、绿、蓝三种颜色的英文缩写。是目前运用最广的色彩模式，可用于显示器或图像处理程序。

边缘光 光源位于拍摄主体侧边和后边，光线会照亮主体轮廓。

环形光源 中间有洞，可以套在镜头上，产生无影效果的一种光源设备。

橡皮图章 图像处理程序中的一种画笔工具，可以克隆选定区域并复制到另一张图像上；也可以用带有纹理或图像的笔刷进行绘制，而不像画笔那样只能用单一色调或颜色。特别适用于扩展具有复杂纹理的区域，如植被、石头或砖墙。

雷达反光罩 形状像是一个抛物面的碟子，可以反射或漫射光线。

饱和度 色彩的纯度或浓度。

柔光布 一种轻质的、开放式编织材质，用于覆盖柔光箱。

选区 在图像处理程序中，图像中被选中的那部分区域，可对其进行操作或移动。

感光度 传感器或胶片对光线的敏感程度。

锐利 清晰、合焦。

快门 在传统相机中，这个设备可以控制记录介质（如传感器）暴露在光线中的时间长短。现在，虽然很多数码相机没有快门，但仍用这个名词来指代与传统快门起相同作用的电子机械装置。

快门优先 可以人为控制快门速度，由相机根据快门速度自动计算相应的光圈值，确保曝光准确的一种拍摄模式。

快门速度 快门保持开启状态，光线可以进入相机到达传感器或胶片的时长。

侧向光 光源从侧面照向拍摄主体，与其对应的是正面光或者背光。

剪影 在逆光环境下，只能看到拍摄主体的外形轮廓，拍摄不到细节的摄影类型。

慢速同步 在慢速快门下，触发闪光灯的技术，比如后帘同步。

SLR 单镜头反光的英文缩写。通过镜子将同一图像传送到胶片（或传感器）和取景器上的照相机，可以确保拍到的和看到的是相同的画面。

聚光罩 一种装在灯上的锥形管状物，用来集中光线。

柔光箱 是一种影棚照明辅助器材。一端可以连接在光源上，另一端有可调节的柔光布，可用于柔化光线、淡化投射在拍摄主体上的阴影。

点测光 既可以指一种特殊的测光方式，也可以指相机的一种测光功能。通过测量场景中某一点获取曝光参数。

触控笔 一种笔形的设备，可替代鼠标，用于绘图或建立选区，常与绘图板一起使用。

拍摄主体 照片的主体。

同步线 用于连接相机和闪光灯的电线。

长焦镜头 焦距超过70mm的镜头。可以拍摄远距离景物。缺点是景深浅、视野范围小。

缩略图 网页上或计算机中图片经压缩方式处理后的小图。

TIFF 标签图像文件格式的英文缩写。用于位图，可以支持CMYK、RGB、具有alpha通道的灰度模式、lab、索引颜色等，可以使用LZW无损压缩。目前，它是高分辨率数字摄影图像中使用最广泛的标准。

顶光 光源位于拍摄主体上方。多用于静物摄影，因为它可以消除反射光。

三脚架 一种有三条支腿的设备，可以提高相机的稳定性，防止相机产生晃动，多用于长曝光摄影。

TTL 通过镜头的英文缩写。描述使用穿过透镜的光量来评估曝光细节的测量系统。

钨丝灯 又被称为白炽灯，也就是我们常见的普通灯泡。光源呈暖色调。

Tv 指时间值，是一些相机品牌用于描述快门优先模式的术语。

反光伞 形状像雨伞一样，带有反光表面，可以连接在光源上，用来散射或反射光线。

欠曝 当光线较暗时，到达传感器或胶片的光线较少，导致照片偏暗的现象。

上传 发送计算机文件、图像等到另一台计算机或服务器。另请参见下载。

USB 通用串行总线的英文缩写。近些年，已经成为设备（比如鼠标、键盘、打印机等）与电脑相连接的标准接口。它可以热插拔，即设备可以在计算机仍处于开机状态时插拔。

USM 一种锐化技术，通过将轻微模糊的负片与原始正片相结合来实现。多用来锐化图像中的边缘。

蒸汽放电灯 一种照明设备，通常用于商场照明或路灯。多数会投射出有颜色的光线，比如纳蒸汽灯会发出橙色光。

白平衡 （1）确保白色总是白色的一种光线色彩平衡。（2）数码相机上的一种控制功能，用于在人造光源环境下平衡曝光和色彩设置。

广角镜头 焦距小于35mm的镜头。

变焦 改变镜头焦距，实际上相当于一系列不同焦距镜头的组合体。缺点是：相较于定焦镜头，变焦镜头最大光圈较小，失真变形较严重。

变焦镜头 可以改变焦距的镜头。

图书在版编目（CIP）数据

迈克尔·弗里曼数码摄影完全指南 / (英) 迈克尔·弗里曼 (Michael Freeman) 著 ; 高文博译. -- 北京 : 人民邮电出版社, 2022.1
ISBN 978-7-115-54813-9

Ⅰ. ①迈… Ⅱ. ①迈… ②高… Ⅲ. ①数字照相机—摄影技术—指南 Ⅳ. ①TB86-62②J41-62

中国版本图书馆CIP数据核字(2020)第170038号

◆ 著　　[英]迈克尔·弗里曼（Michael Freeman）
　译　　高文博
　责任编辑　白一帆
　责任印制　陈　犇

◆ 人民邮电出版社出版发行　　北京市丰台区成寿寺路 11 号
　邮编　100164　　电子邮件　315@ptpress.com.cn
　网址　https://www.ptpress.com.cn
　北京富诚彩色印刷有限公司印刷

◆ 开本：889×1194　1/40
　印张：8.3　　　　2022 年 1 月第 1 版
　字数：399 千字　　　　2022 年 1 月北京第 1 次印刷
著作权合同登记号　图字：01-2020-3607 号

定价：129.90 元